JN014455

Introduction of Mathematical Teaching Method for Elementary School

初等算数科教育法序論

黒田恭史
Yasufumi Kuroda

[編著]

共立出版

はじめに

　本書は，小学校の教員を目指す学生を対象に，「初等算数科教育法」科目用のテキストとして共立出版より出版し，大学での教員養成に寄与することを目的とする。併せて，現職の小学校教員にも購読いただき，日々の授業内容の創意工夫に活かしていただきたいと考えている。

　ところで，小学校における算数科は，国語科に次いで指導時間数の多い教科であり，理解の可否が明確に可視化されやすいことから，児童や保護者からも，得意・不得意や，好き・嫌いに対する関心は非常に高い。特に高学年になると，内容の高度化・抽象化が進むため，理解の格差が広がる傾向にあるといえる。また，系統性の強い教科とされているために，一旦算数が不得意，嫌いになってしまうと，その上の学年の算数・数学も理解できないという状況が続いてしまいがちである。

　そこで，本書では，算数の各領域において小学生の理解が容易でない事項を，全国学力・学習状況調査結果（以下，調査結果）から洗い出し，その要因分析を行う。続いて，各学年の教育内容の構成と要点を解説する。最後に，低学年と高学年での具体的な教育実践例を提案する。これらを通して，児童の算数に対する認識の特徴や，誤りやすい思考特性を踏まえ，教育内容を工夫・改善することのできる能力を身に付けてもらいたいと考えた。

　なお，膨大な算数の教育内容に対して，限られた紙面であるので，筆者が制作している算数動画等も併用して，理解の深化につなげてもらいたいと考えている。これらは，「黒田先生といっしょに学ぼう！15分でわかる小学校算数授業動画」や，「算数授業要約ちゃんねる」でインターネット検索すれば閲覧・学習することができる。また，学習指導要領及び解説書の内容は踏まえるものの，それらの文章の重複や，図版の転用は極力行わず，最新の研究成果を取り入れた学術的に価値を有する書物になるよう工夫した。

以下，本書の部構成，及び各章で扱っている内容の概略と本書の活用の仕方について紹介する。本書は 2 部構成となっており，第一部は算数教育の要点として，算数教育の目標，歴史，学力調査と評価，ICT 活用，数学的モデリングなどについて解説し，第二部は算数教育の内容として，算数の各領域の教育内容と実際の授業づくりについて解説している。初等算数科教育法の 15 回の講義の内，第一部の 1 ～ 5 章は各 1 講義分（合計 5 講義分）に対応し，第二部の 6 ～ 10 章は各 2 講義分（合計 10 講義分）に対応して指導ができるように執筆している。もちろん，指導される先生の工夫に応じて，各章の取り扱いの強弱を付けていただければと考える。

　第 1 章では，算数教育の目標について論じている。最初に人類における科学の進展について概観し，続いて科学としての数学教育学のあり方を解説している。これらを踏まえて，算数教育の目標について解説しており，これからは，こうした科学の成果を土台にして教育を論じることが大切であることを論じている。

　第 2 章では，日本の明治時代以降の算数教育史について論じている。算数教育の歴史は，社会の要請や外国の教育政策の影響を受けながら進展してきた。歴史を学ぶ意義は，史実を網羅的に捉えることではなく，史実に至った社会的背景や当時の政策立案者の願いなどを汲み取り，その因果関係に想いを馳せることにある。それを踏まえて，現在の具体的な教育のあり方を考察する視点が重要であることを論じている。

　第 3 章では，学力調査と評価の問題について論じている。国内外での各種学力調査の特徴やその結果について解説するとともに，学力調査が学校現場に及ぼす功罪についても言及している。続いて，評価では，様々な種別の評価方法やその特徴について取り上げる。学習者を評価する上で，各評価方法の重視すべき点とともに，目的に応じて適切な評価方法を選択することの重要性を論じている。

　第 4 章では，ICT を用いた算数教育の可能性について論じている。1980 年代からのパーソナルコンピュータの普及により，学校現場においても，児童の算数理解を促進させることや，ソフトウェアを用いることで新たな算数の内容を扱うことが可能になるなど，算数教育のフィールドを拡げることになっ

た。また，近年では不登校や外国人生徒の学習支援が大きな課題となっており，ICTの活用がその克服の一助になることを論じている。

　第5章では，算数科における数学的モデリングのあり方について論じている。数学的モデリングとは，「現実事象」，「現実モデル」，「数学モデル」「数学的結果」の過程を循環させることで，算数の学習が現実事象と関連しながらより深く学ぶことができるというものである。これらを実際の算数の授業で扱うとするならば，どのような可能性があるのかについて具体例をもとに論じている。

　第6章では，「数と計算」の教育内容について論じている。調査結果をもとに，整数，分数，小数における児童の理解困難な点を抽出するとともに，数と計算領域の低・中・高学年ごとの指導の要点を解説している。具体的な実践例として，低学年では虫食い算を，高学年では倍数・約数を取り上げ論じている。

　第7章では，「図形」の教育内容について論じている。調査結果をもとに，図形の面積，角，円における児童の理解困難な点を抽出するとともに，図形領域の図形の性質，作図，求積の指導の要点を解説している。具体的な実践例として，低学年では三角形と四角形を，高学年では円と正多角形を取り上げ論じている。

　第8章では，「測定」と「変化と関係」の教育内容について論じている。調査結果をもとに，量の概念，測定と比較，量の計算における児童の理解困難な点を抽出するとともに，測定領域の1〜3学年，変化と関係領域の4〜6学年の指導の要点を解説している。具体的な実践例として，低学年では量の測定を，高学年では比例を取り上げ論じている。

　第9章では，「データの活用」の教育内容について論じている。調査結果をもとに，データの読み取り，資料の整理，目的に応じた表現における児童の理解困難な点を抽出するとともに，データの活用領域の代表値，ドットプロット，各種グラフ，統計ソフトウェアの指導の要点を解説している。具体的な実践例として，高学年でのPPDACサイクルを活用した様々な統計データの取得と解明を取り上げ論じている。

　第10章では，授業設計と学習指導案について論じている。授業設計では，代表的な「問題解決型」や「『教えて考えさせる授業』型」について，それぞれの特徴や児童の実態に応じた使い分けなどについて解説している。続いて，

「学習指導案」の具体的な書き方，留意すべき点について論じている。

　なお，本書を学ぶ際には，単に読み進めるだけでなく，実際にノートを用いてテキスト内の問題を解き，児童の思考特性などを予想するなどの活動が重要である。繰り返しになるが，算数は小学校の教科の中でも非常に比重が重いため，得意・不得意や，好き・嫌いが，小学校自体の好き・嫌いに反映されてしまいがちであることを肝に銘じて，しっかりと学んでいただきたい。

　最後に，本書の執筆に際し，出版の機会を与えていただいた共立出版（株）潤賀浩明氏，三浦拓馬氏に，この場を借りて感謝の意を表したい。

2023 年 7 月

編　著　者

黒田先生といっしょに学ぼう！－ 15 分でわかる小学校算数授業動画
https://sansu-douga-kuroda.amebaownd.com

算数授業要約ちゃんねる
https://www.youtube.com/@user-gk8rp9eh8y

目　次

第 I 部　算数教育の要点

第Ⅱ部　算数教育の内容

第 **I** 部

算数教育の要点

第1章

算数教育とは

本章では，算数教育の研究と目標について論じる。第1節では，科学とは何かについて論じ，第2節では，科学としての算数教育のあり方について概観し，第3節では，数学教育学の成果を踏まえた算数教育の目標について論じることにする。

1.1 科学とは何か

1.1.1 科学の進展

　科学や研究という言葉を聞くと，試験管の中で起こる化学反応実験や，難解な数式が並ぶといったイメージを持つ。そこには一分の乱れもなく，全てがある一つの法則によってコントロールされ，例外は決して許されないという厳正な雰囲気が漂う。

　さて，算数教育の研究に，こうした例外を許さない厳正さを求めることは可能であろうか。ある一つの効果的であると考えられる指導法を用いたとしても，それによって全ての児童が理解する可能性は，よほど簡単な内容でなければ，皆無に等しい。とするならば，算数教育を研究するとはどのような方法を用い，結果をどのように評価・判断することなのであろうか，そしてその営みは果たして科学といえるのであろうか。

　その議論を行う際，注意すべきことは，たとえこれまでの科学的手法が対象に

適用できないからといって，それだけで科学ではないと即断してしまうことである。既存の科学の手法はもちろん重要であるが，その適用の可否だけをもってして判断することは危険であるという意味である。対象が持つ固有の特性に対して，既存の科学はいまだ対応しきれていないという可能性を心に留めつつ慎重に検討していくという姿勢が重要なのである。

　ここで，少し科学の歴史を辿ってみたい。村上（1983）では，19世紀から21世紀に至るまで科学の対象が移り変わっていったことが述べられている。19世紀は10の何十乗メートルの世界が科学の対象となった。すなわち，望遠鏡の発明により，地球を相対化し，宇宙全体の構造を解明することが科学の主要なテーマとなったわけである。一方，20世紀は10の何十乗分の1メートルの世界が科学の対象となった。すなわち，顕微鏡の発明により，通常は決して見えない微細な世界の中に潜む様々な法則を解明することが科学の主要なテーマとなったわけである。

　そして，21世紀の現在では，10の0乗メートルの世界が科学の対象となった。10の0乗メートルとは1メートルのことであり，まさに人間サイズが科学の対象となったのである。すなわち，人間を対象とすることは，遠方の天体の運行や，微細な細胞の動きを解明することよりも，はるかに困難なことであるため，21世紀を待つまで本格的に手を付けることができなかったといえるのである。

　人間を対象とした研究とは，同じ刺激（教育）を与えたとしても，その反応（効果）が違うという摩訶不思議な現象を対象に，様々な科学的手法を用いて，いかに一般化・普遍化して科学として記述・説明していくかが，教育を科学として研究することといえるのである。そして，有益な知見を得るためには，教育学，心理学，生理学など，様々な研究分野の知見を組み合わせながら仮説を緻密に設定し，検証するという作業が重要となる。

1.1.2　行動主義心理学の挑戦

　21世紀は人間自体を科学の対象とする時代と論じたが，その萌芽は20世紀初頭から始まった行動心理学に見て取ることができる。J.B. ワトソンに始まるとされる行動心理学とは，人間の行動の観察をもとに，心の状態を解明しようとする

ものであり，行動という客観的事象に基づいて人間の心理特性を対応づけようとした。

　この背景には，犬の消化器官の特性を研究したパブロフの影響があるとされている。パブロフが行なった実験は，次のようなものであり，この現象は条件反射と名付けられた。すなわち，「①犬にメトロノームのようなものを聞かせる。②その音と同時に，犬に餌を与える。③犬は餌を食べながら唾液を出す。④これを繰り返す。⑤犬はメトロノームの音を聞いただけで唾液を出すようになる。」というものである。こうした意図的・継続的な刺激（メトロノーム音）に対して，反応（唾液が出る）が後発的に生じる，すなわち学習によって反応が生み出されるという点に着目し，条件反射を刺激−反応（S-R; Stimulus-Response）の結合体として捉え，人間の心理学研究に応用しようとしたのである。おそらくワトソンが魅力的に感じたのは，この明確な因果関係の構築が動物という生物において生じるという事実であり，これを人間に応用することで，心理学が科学の一員になれると確信したことが大きかったと考えられる。

　一方，スキナーは，ラットが偶然にレバーを押すという行動に対して，餌を与えるという対応を継続した結果，餌を求めるためにレバーを押すといった自発的行動の確率が高まるというオペラント（自発的）条件付けを提唱した。これは，さきの犬の唾液の分泌が，その動物自体の自発的・意図的な行動でないのに対して，ラットのレバー押しは，何かを欲するという気持ち，それを引き起こすためのレバー押しという因果関係を，動物自体が意図的に捉え行動に反映させるようになっていったという点で，意図的行動変容を期待する「学習」という概念に，より一歩近づいた成果であると捉えることができよう。

　その後，心理学は科学の一員としての立場を確固たるものにするために，同一の実験環境下においては，ある刺激に対して同一の反応が生じるという安定性や，誰をも対象に実施しても同じ結果となる再現性を求めることとなった。そして，こうした安定性や再現性の追究は，実験課題をより単純に，より数多く実施し，精度の高い同一結果を求めるものへと向かわせることにつながっていった。このことは，複雑な要因・要素が組み合わされた中で，時間経過の中で生じる人間の変容や成長を意図する教育学に対して，相矛盾する側面を持つことになって

しまったのである。むろん現在では，そのこと自体を課題と捉え，心理学の中でも議論がなされており，研究は進展している。

1.1.3 医術から医学への転換

　人間を対象とした科学の代表的なものの一つに，医学がある。同じ人を対象とした学問であるにもかかわらず，医術から医学への転換と異なり，教育術（医術に対応した造語）から教育学への発展が，現在においても釈然としない要素を持ち続けている理由は何処にあるのであろうか。すなわち，教育学が科学としての立場をいまだに確立できていない理由は何処にあるのかということである。その違いを検討すべく，19世紀までの医術から20世紀以降の医学への転換の，主たる要因を探ってみることにする。

　医学は最初，医術として始まり，経験と試行錯誤を繰り返しながら，傷病を治すこと，健康で長生きすることを目的としながら施術と薬の開発と検証が行われてきた。すなわち，医術は経験に基づく方法論の集積であったといえる。

　この名残として，「さじ加減」という慣用句がある。昔は医療における薬の調合は，さじを用いて行なっており，それが「さじ加減」という言葉の語源となったのである。すなわち，一人ひとりの患者の特性や病気の具合に応じて，微妙に配合や分量を調整することで，最適な薬となるようにしていた。もちろん，このさじ加減には，経験という個々人の叡智が結集されていた。教育に例えるとすれば，個々の教員の指導の妙といえるものであろう。

　歴史を鑑みれば，経験に裏打ちされた巧みなわざとしての医術から，科学としての医学への転換には，次の2つの発展が必須であったといえる。

　一つは，細菌学などに見られる試験管と顕微鏡に代表される基礎医学の発展である。北里柴三郎は，ペスト菌を発見したことで有名であるが，こうした細菌の発見が，いわば肉眼では見ることのできない微細なものを見ることを可能にし，それらを病気との関係で具体的に議論することができるようになったのである。

　もう一つは，レントゲンに代表される非侵襲に人体内を観察する原理と装置の開発による，基礎臨床医学の発展である。これまで体内を実際に観察するためには，解剖という大きなリスクや痛みを伴う行為が必須であったのに対して，X線

などの特殊な技術を用いることで身体を傷つけることなく体内の疾病の正確な診断が可能となり，それをもとに治療に向けた手術の方法等を議論することができるようになったのである。

それまでの医術が，触診と処方箋に頼るものであったのに対して，見ることのできない微細なものや，見ることのできない体内を，新しい原理と装置の開発によって診ることができるようになり，科学的方法によって施術可能になったことが，科学としての医学を確立することにつながったのである。

ところで，20世紀初頭の1901年には，第1回のノーベル賞が開始されたが，この時，レントゲンはノーベル物理学賞を受賞し，北里柴三郎はノーベル生理・医学賞の候補者の一人であった。ちなみに，先述の犬の唾液実験のパブロフは，その3年後の第4回ノーベル生理・医学賞を受賞している。まさにノーベル賞の歴史と，医学の歴史は，人類の科学の歴史において並走しながら互いに影響しあってきたといえる。医学の本格的な幕開けは，ここに始まったのである。

現在では，高度な科学としての医学が確立されており，その領域には専門的な基礎実験に基づく基礎医学や臨床基礎医学，高度な医療機器を駆使して重度な疾病を治癒するといった臨床医学，公衆衛生学などを含む社会医学がある。そして，この医学を社会的に適用すること，すなわち人を対象として，健康回復を目的とした実践面に要求される機能を，医療と呼ぶのである。

医療の特徴は，医学によって解明されてきた基礎原理を，個々の人に適切に応用することである。例えば，医学に素人である私たちは，人間の体内の臓器は，医学書に示されたように，大きさの大小はあれ同様の形状であるといった誤った理解をしている。個々人の顔や容姿が千差万別であるのと同様，臓器も全く異なる形状をしていることから，手術などの医療においては，それを踏まえた個別の対応が重要となるのである。

現在では，同一患者であっても医師によって施術方法が異なるため，セカンド・オピニオンといった複数の施術手法の，メリットとデメリットを患者自らが理解したうえで，最終的には患者に選択権を与えることが推奨されるようになってきた。併せて，根拠に基づく医療（EBM: evidence-based medicine）という言葉が頻繁に用いられるようになっている。EBMとは，例えば，Aという治療では

治癒率は高いが，副作用のリスクが高く，Ｂという治療では治癒率はそれほど高くないが，副作用のリスクも高くないといった正確な情報と，医師のこれまでの医療経験に基づく知見，さらには患者の将来への願いを総合して，最善の医療を選択することである。

これらの背景には，インフォームド・コンセントという概念が，医療現場で普及したことが挙げられる。インフォームド・コンセントとは，「医師と患者との十分な情報共有がなされた上で治療方針に対して合意する」という意味である。今日では，医師と患者が対等な関係に置かれた上で，医師からの十分な説明を受け，医師と協力しながら患者が治療法を選択し，双方の合意の下で治療が行われるという道筋が確立されるようになったのである。

このように考えると，医術から医学への発展過程と，医学と医療の相互補完性は，教育術と教育学，そして教育学と教育実践を考える上での大きなヒントを与えてくれるものであるといえる。

1.2 科学としての数学教育学

1.2.1 科学になるためには教育学に何が必要か

医術から医学への転換には，微細なものを見ることができる顕微鏡と，外部から内部を見る放射線という2つの原理の発見と装置の開発が不可欠であった。これを教育学に置き換えてみるとき，それらに該当する原理の発見と装置の開発は，残念ながら近年に至るまで見られなかった。

一方で，21世紀に入り非侵襲で安全に生体情報を計測する装置が相次いで開発されるようになり，事態は大きな転換期を迎えようとしている。これまで脳の活動を計測する装置は，脳の疾病や交通事故等による脳の損傷を調べるといった大がかりで特殊な医療用であったが，非侵襲で安全に計測できる装置であれば，これらを教育学の研究に適用する可能性は極めて高くなる。加えて，脳活動計測のみならず，視線移動計測などの装置も改良が加えられてきており，より軽量で，装着や初期設定が容易な装置も開発されてきている。これらは，健常な成人のみならず，学齢期の子どもにも装着・計測可能となっていることから，教育学を取

り巻く環境の急速な変化は，教育術を教育学へと転換させる大きな原動力の可能性を秘めているといえるであろう。

　というのも，これまでの教育の効果測定においては，テストスコアによる評価，観察調査，質問紙調査，インタビュー調査などが主たる方法として用いられてきたため，学齢期の子どもの語彙力などからでは正確な状況の把握が困難であったり，推測に頼らざるを得ない部分が残ったりするなどの不透明な部分が残されてきた。これが，教育術から教育学への発展が，現在においても釈然としない要素を持ち続けてきた最大の理由であると考えられるからである。

　実際，教育学において最も重要な人間の臓器が脳であることは疑いのない事実であり，加えて算数・数学の問題解決過程の解明には，視覚からの情報，すなわち視線移動の情報は極めて有益である。近年のNIRS（Near Infrared Spectroscopy）による脳活動計測装置の開発は，学習姿勢を保持した状態で長時間計測が可能であることから，心理学にみられる「刺激−反応」といった単純な活動のみならず，通常の算数・数学の問題解決の過程における脳の負荷の度合いを，直接の計測対象とすることが可能となりつつある。また，視線移動を計測可能なアイ・トラッカーの軽量化や初期設定の簡便化は，健常な成人のみならず，子どもにも装着可能であり，問題解決方略の特性解明にもつながることが期待される。実際，筆者の黒田らは，2002年より学習時の脳活動計測研究を開始し，2012年より学習時の視線移動計測研究と，脳活動と視線移動の同時計測研究を開始し，新たな知見が得られ始めている[注1]。

　そして，こうした動きは，日本のみならず世界中で活発化してきており，OECD教育研究革新センターは，2007年に『Understanding the Brain: The Birth of a Learning Science（脳から見た学習　新しい学習科学の誕生）』を公刊し，それらは世界中で翻訳されている。今後，こうした生体情報の恒常的・集約的なデータ集積と分析が進めば，教育術から教育学への転換の道筋が鮮明になってくるといえるであろう。

注1）検索エンジンで「脳活動と視線移動計測のエビデンスデータに基づく空間図形教材コンテンツの開発と普及」と検索すると専用ホームページが開き，そこに筆者らの研究成果一覧（論文閲覧可能）がある。
https://www.shape-kuroda.jp/research/

1.2.2　教育学と教育実践の新たな関係構築に向けて

　これまでは，教育術から教育学への転換が不十分なままに，教育学と教育実践の往還を拠り所に，教育学を科学に昇華させるべく努力が積み重ねられてきた。すなわち，足元が不安定なままに，教育実践から教育学を科学に転換する作業が行われてきており，ここに科学としての教育学の確立における弱点が存在してきた。

　そのため，誤解を恐れずに言えば，教育学の科学としての確立を目指すあまり，教育実践から得られたデータに対して，安定性と再現性を極度に求めてしまうようになってしまったことから，得られた研究結果の新規性や独自性は影を潜め，至極当たり前の成果が並ぶことになってしまったのである。正しい統計的手法や「仮説−検証」の過程にのみ意識が向いてしまった結果，検証しなくても自明な成果が評価されるようになり，教育学の停滞へとつながってしまったといえる。すなわち，斬新な成果が影を潜め，自明であることを科学的手法を用いて確認する傾向が強まったということである。あるいは，教育実践と一切の関係を断ち，理論展開の整合性のみを追究する，いわば，その枠組み内では正しいが，教育には役に立たない教育理論が出現することとなった。

　繰り返しになるが，教育実践だけを拠り所に，科学としての教育学の確立を求めようとする意識が，こうした状況を生み出したといえるであろう。もし，教育学の構築に生体情報などの新たな拠り所を見出すことができるのであれば，その学年の発達段階や認知特性の大まかな生理学的根拠をもとに指導が可能となるため，過度な安定性や再現性だけを求める必要はなくなっていくはずである。従前から変化・成長や固有性をも内包した教育実践のあり方を考えることの方が遥かに有益であることや，それこそが真実であるということを頭では理解しつつも，それを教育学の確立のために封印せざるを得ないという状況は，今後速やかに改善されていくことが求められているのである。

　では，改めて教育実践を正しく捉えるとは，どういうことであろうか。西之園（1981）による，鋳造と醸造をメタファーとした教育実践の捉え方は，それに対して大きなヒントを与えてくれる。鋳造とは，金属を加熱して溶融し，これを目

的の形をもたせた鋳型に流し込み，冷却，凝固させて製品をつくることである。高温に熱した金属は，型枠に応じて自在に変形可能であるとともに，同じ形の製品が多数生産されることになる。一方，醸造とは，微生物による発酵作用を利用して，おもに穀物，果実から酒，みそ，醤油，酢などを造ることである。気温，湿度，天候といった外的な状況が刻々と変化する中で，それぞれの素材の状況を適宜把握し，随時修正が加えられるとともに，年によってその出来具合は変わることになる。ここで，西之園は，教育実践は両者の内，醸造に対応するものであると提唱する。教育実践では，鋳造のように，条件を同一にすれば同一の製品が大量に生産されるというものではなく，いくら外的条件を同一にしたとしても穀物などの状況がそれぞれ異なるために出来具合は必ずしも同一ではないということのように捉えるべきであるというのである。これを人間に置き換えてみれば，遺伝のレベルであったり，環境のレベルであったり，遺伝と環境の相互作用のレベルであったりすると考えられるが，重要なことは個人差が存在することを前提に教育学を捉えるべきであるということである。

　ところで，醸造には，科学的知見は存在しないかといえばそうではなく，醸造学 (Enology) という，れっきとした科学が存在するのである。その下支えには，試験管や顕微鏡という装置の開発が不可欠であったことを鑑みれば，教育学の科学としての確立には，人間の学習時の生体情報を安全かつ簡便に計測可能な装置の開発は不可欠であるといえるであろう。

1.2.3　医療と教育実践の相違

　生体情報の積極的な活用により教育学が科学として確立されれば，教育実践もまた，より進展することが期待される。それは，医学の発展によって医療が進展してきたのと同じである。

　ただし，医療と教育実践は，共に人を対象とし，改善・成長を企図した活動であるが，両者の相違について解説しておきたい。医療の目的は，一人ひとりの人間の健康な体を維持したり回復したりするために施す活動である。教育実践の目的は，一人ひとりの子どもの状況に応じて，将来の社会において主体的・創造的に活動することのできる学力を獲得するために行う活動である。共通する点は，

いずれも良好な体の維持，良好な学力の獲得を目指すといった，より望ましい方向を志向する点にある。一方，異なる点は，医療の成否は現時点の体の状況によって決めるのに対して，教育実践の成否は将来の社会を予測して将来において役立つ学力の獲得の可否によって決める点にある。

すなわち，医療では現時点での最善の健康状態を確保することが，同時に将来の健康を保障することに直結するのに対して，教育実践では現在の社会に依存した学力の獲得が，必ずしも将来に必要とされる学力に直結するとは限らないということである。ここに教育実践の舵取りと，評価の難しさが存在する。

その克服に向けては，教育に関する最新研究成果の分析とともに，これまでの歴史の節目において，どのような社会的状況と教育の課題が存在し，それをどのような方針によって克服しようとしてきたのかという教育の歴史に学ぶことが一つの回答を与えてくれると考えられる。その際，歴史的事実の列記を網羅したり，容易な因果関係のレッテルを貼ったりするのではなく，絡み合う歴史的事実の底流に潜む原理を探り出し，そこにどう先人たちは立ち向かおうとしたのかという歴史の息吹を読み解くことが重要である。

もう一つの相違は，医療が個人を対象としたものであるのに対して，教育実践が個人を念頭に置きつつも集団を対象としたものであることである。医療は，一人の患者の最善を尽くす施術を見出すことが目標であるのに対して，教育実践は個々が一様でない状態であるということを前提としたうえで，集団として最善の指導法を見出すことが目標となる。そのため，ある子どもにとっては最善の指導法であるかもしれないが，別の子どもにとっては必ずしもそうではないという難しさが存在するのである。

ある集団（学級）が構成された際に，個々人の力を超えて集団としての大きな推進力となる場合もあれば，逆に，個々人の力を半減させて集団としての結束力が崩壊してしまう場合もある。したがって，個々の子どもの学力レベルの的確な判断と，集団における個々の子どもの振る舞いの特性を如何に適格に推測することができるかが成否の分かれ目となることを，しっかりと心しておく必要がある。

1.2.4 教育実践における一般性の追究

　教育学の科学としての確立は，教育実践の更なる高みを目指すことにつながると考えられる。

　横地（1978）は，早くから数学教育学における目的を，「教育実践等に見られる様々な特性や結果から，その一般性を見出すことにある」としてきた。この「一般性」という言葉に，安定性，再現性に加えて，変化・成長，固有性を含ませることで，教育学と教育実践の望ましい関係性を築こうとしてきたことが推察される。そして，具体的な「一般性」の一例として，小学2年生の場合であれば，

　　　「①机上の活動だけでなく手足を使っての実際活動が必要なこと，②大人が
　　　理解するように分析されたものを先に学んで，その後，それらを組み合わせて
　　　総合的に考えるという扱いは適さないこと，③子どもの学びでは，最初に，未
　　　熟な分析を土台とする総合的な扱いがなされ，その後，総合を分析し，改めて
　　　分析の上に立った総合が必要であること」

を提唱する。これは，2年生の段階では，手足を使った活動が算数の理解促進につながりやすいこと，学習内容の各部分を事細かに正確に学んでから全体構成を学ぶという手順はあまり適さないことを指摘している。注意すべき点は，ここで提起されている「一般性」が，子どもの思考特性や，それに応じた指導のあり方の指針を示したものであって，各個人の個性や特性を封印したものではないことである。

　すなわち，一人ひとりの学習者はそれぞれ異なる成長と，個性の伸長を遂げているが，その中にあって，同一学齢期の学習者に共通的に見られる理解の特性などを抽出・解明し，その特性に応じた教育のあり方を科学的手法により模索・検証することを教育学は目指すべきであり，それによって得られた知見に沿った教育内容・指導法を選択すべきであると指摘しているのである。そして，教育実践にあっては，学級や子どもの実態に応じて細やかに軌道修正しながら指導法を設定していくことになる。医療における「さじ加減」が，これに対応する。

　今日では，年齢段階における集中力や持続力に関する研究も盛んに行なわれており，こうした人間の生理学特性に関する成果を教育学に取り込み，教育実践に

活かしていくことが重要となる。例えば，小学生段階であれば，15分という時間を一つの単位として，合間に休息を入れて学習を設計すると効果的であるといった知見が得られつつある。とすれば，45分間という授業時間は，15分×3の組み合わせとして捉えることが可能である。15分を1モジュールとして，45分の授業は3つのモジュール（構成単位）の組み合わせとして設計すると教育効果が高まると考えられる。実験のように，15分と15分の間に5分の休息を入れることは，実際の授業では現実的ではないために，15分単位で内容や方針を変更することで，集中力の持続につながるといった新たな授業設計のプラン構築につながる。

　例えば，45分の授業を設計する際，「できるモジュール」，「わかるモジュール」，「つかうモジュール」といった順序の組み合わせなどが考えられる。すなわち，最初の「できるモジュール」では，計算方法などをしっかりとできるようになる時間帯，続いて「わかるモジュール」では，計算方法の意味を理解できるようになる時間帯，最後に「つかうモジュール」では，学んだ内容を現実場面などにつかえるようになる時間帯という具合である。人気のテレビアニメ番組では，30分の放送時間帯で，15分1話完結のものを2話で構成するといったことも，こうした子どもの集中力を想定したものであると考えると，生理学特性を踏まえた教育実践の研究は，今後さらに有効な手法となるであろう。

　図1.1は，筆者が「学びのピラミッド」と名付けているものである。算数科での学びは，図1.1の右下の「おぼえる」から始まり，続いて「できる」，「わかる」といった順に上に進んでおり，「つくる」が最も高度な学びということを示している。これは，「おぼえる」から「わかる」までの個人内での活動から，「かく」，「はなす」，「きく」，「つくる」と段階を上げていくことで，他者との関係の中での活動へと高められていくのである。もちろん，個人内と他者との関係は，場面に応じて様々に変化することを前提としている。さらに，ピラミッドの形状は，下側の「おぼえる」の割合が量的には最も多く，順に上っていくにつれて割合が少なくなっていくということを意味している。算数では「おぼえる（記憶）」ではなく，「わかる（理解）」ことが中心になるのではないかと少し違和感を抱くかもしれないが，その傾向は他の教科よりは強い傾向にあるものの，それでも多数の「おぼ

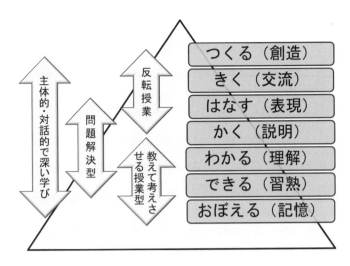

図1.1　算数科における学びのピラミッド

える」や「できる」が糧になって，「わかる」につながっていくことは確かなことなのである。

　さて，学びのピラミッドの構造は，幼児が流行歌を歌っている場面などを想像するとわかりやすい。幼児は，まずは歌を何度も聞くことで歌詞をおぼえ，瞬く間に歌うことができるようになる。その時点で，歌詞の意味を必ずしもわかっているわけではないが，やがてどこかの時点で理解するようになるという具合である。

　さきの横地（1978）の小学2年生「一般性」に当てはめてみれば，「子どもは大人が理解するように分析されたものを先に学んで，その後，それらを組み合わせて総合的に考えるのではない」ということ，すなわち「先に歌詞の意味を理解してから，その後に歌えるようになるのではない」ということである。そして，「最初に，未熟な分析を土台とする総合的な扱いがなされ，その後，総合を分析し，改めて分析の上に立った総合が必要である」ということ，すなわち「最初に，歌詞を丸ごと覚えて歌えるようになり，その後，歌詞の意味を考えるようになり，改めて歌を捉えなおすようになる」ということなのである。

　子どもが一輪車に乗ることができるようになるというのも，これらに関連するといえる。大人は，「たった一つの車輪の一点で，自身の体重のバランスを取り，

重心を移動させながらペダルをこいで前後左右に移動することなど不可能である」という「分析」が最初に働くために，乗ることができるようにはならないのである。一方，子どもは「友達が上手に一輪車に乗って移動している」という姿を「総合的」に捉え，それを模倣する形で習得していくために乗ることができるようになるのである。

　もちろん，こうした習得に関する違いは，大人と子どもという分類方法だけが妥当というわけではない。例えば，コンピュータ操作が苦手な大人が，コンピュータ操作に堪能な人に操作方法について教えてもらう場合に，あまりに懇切丁寧でマニアックな「分析」的解説に，混乱を来たす場合も少なくないからである。重要なことは，既に理解・習得した人にとって，わかりやすいと思われる解説が，未だ理解・習得していない人にとって，必ずしもわかりやすい解説とはならないということである。

　図1.1の左側にある矢印の項目は，これまで研究されてきた授業の典型的な型のタイプであり，それぞれの型が学びのピラミッドの主にどの段階の能力の育成に焦点化しているのかを示している。先述した，教育実践が個人だけでなく，集団を対象とした営みであることを踏まえれば，各集団に対する適切な見取り（分析）が，極めて重要であることがわかる。なお，第10章では，ここで取り上げられている「問題解決型」や「『教えて考えさせる授業』型」について詳しく解説している。なお，「反転授業」は，基本的な学習内容は自宅で動画等を用いて予習し，授業ではそれらを踏まえて議論する点に重点が置かれた授業タイプである。

　最後に，ここまで取り上げてきた教育学や教育実践に対する教員の重要な役割を指摘しておきたい。

　教員は，日々，横地のいう「一般性」等を参考にしながら，学習者の学習状況を正確に把握し，日々の指導を実践し，改善に努めている。しかし，時にはこれまでの「一般性」が通用しない事態に陥る可能性もある。これは，学級内での教員と子どもの関係といったミクロな問題の場合もあれば，コロナ禍による全国学校一斉休校といった日本全体を巻き込むマクロな問題の場合もある。当然のことながら，こうした状況は克服すべき大きな課題を抱えている場合が少なくないが，その最前線のデータを持ち，常に更新しているのは，教員である。したがって，

教員は教育者であると同時に，教育学や教育実践を推進する研究者としての顔を併せ持つことをしっかりと自覚する必要がある。科学は，まさにその最前線で創られていくのであり，一人ひとりの教員の叡智の結集が，その成果に大きな影響を及ぼすといっても過言ではないのである。

1.2.5 数学教育学の専門分野

　数学教育に関連する様々な内容を包摂し，それらを体系化した学問分野を「数学教育学」と呼ぶ。これは，科学としての教育学の一端を担うものである。横地（2001）は，数学教育学の研究分野において，主に 12 の分野があると論じている。また黒田（2022）は，横地の設定した分野を参考に，現代的視点から新たな 11 の分野を下記のように提案している。

　　「1. 目標，2. 数学教育史，3. 教育内容，4. 教育課程，5. 学習指導，
　　6. 数学と関連分野（STEAM）の教育，7. 特別支援・不登校・外国人の
　　子どもの支援，8. 生涯学習としての数学教育，9. ICT の発展と数学教育，
　　10. 認知と生理学指標，11. 教育評価と学力調査」

そして，これらの 11 の分野の関係構造を図式化すると，図 1.2 のようになるとしている。

　まず「1. 目標」は，「2. 数学教育史」と時代の要請を踏まえつつ，学習者一

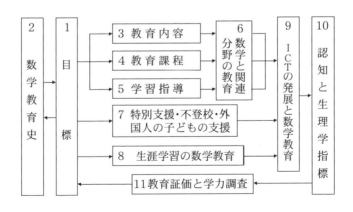

図 1.2　数学教育学の研究分野の構成図

人ひとりが未来を主体的に生きることのできる力の育成を目指して設定する。続いて「1. 目標」をもとにして，どのような数学の内容を教えるのかという「3. 教育内容」，各学年で学ぶ数学をどう構成するのかという「4. 教育課程」，どのような方法で数学を指導するのかという「5. 学習指導」を決定する。また，「6. 数学と関連分野（STEAM）の教育」の分野では，世界的な潮流において，数学と関連しつつ，より広範な分野を網羅する STEAM（Science, Technology, Engineering, Art, Mathematics）教育が求められるようになってきており，数学と様々な分野の内容を連動しながら教育内容の開発と実践を行う研究分野へと発展している。

「7. 特別支援・不登校・外国人の子どもの支援」の分野では，特別支援学校に在籍する子どもをはじめ，通常学級に在籍する子どもの学習支援も重要なテーマである。さらに，コロナ禍の影響もあって，不登校の小・中学生の総数は，2020年度は 19 万 6 千人，2021 年度は約 24 万 5 千人と急増しており，組織的な学習支援のあり方を研究することは喫緊の課題である（文部科学省，2022a）。また，日本語指導が必要な外国人の子ども（小学生〜高校生）は約 6 万 4 千人への学習支援も，母語と日本語支援などの具体的な解決策が研究課題となっている（文部科学省 2022b）。

「8. 生涯学習としての数学」の分野では，変化の激しい知識基盤社会において，基盤の知識の一つである数学は，時代の変化や要請とともに必要とされる数学の内容も変化・進展する。20 歳までの学校数学の知識の蓄積だけで，次の時代を主体的に生き抜いていく力が身に付くわけではない。生涯を通じて数学を学ぶという社会システムの構築が，今後は重要な視点となろう。

「9. ICT の発展と数学教育」の分野では，ICT（情報通信技術）の発展，とりわけインターネット環境の飛躍的な発展は，これまでの時空間の概念を大きく変容させ，これまでの場所や時間がもたらす制約を容易に乗り越えることになった。すなわち，異なる地域や国の間が，容易にインターネットでつながったり，オンデマンド型の授業により，非同期な状態で授業が運営されたりするなど，学習者の実態に応じて，いつでも，どこでも，どの段階からでも学びを開始するという環境が可能となったのである。

「10. 認知と生理学指標」の分野では，近年の生理学データ計測技術の発展は目覚ましく，医学のみならず教育研究にも活用可能となった。行動観察，インタビュー，テストスコアといった方法に加えて，生理学データを組み合わせた新たな研究分野の開拓が始まっている。実際，2021年に開催された世界最大の数学教育国際会議である第14回ICME（International Congress on Mathematics Education）のTSG（Topics Study Group）第21分科会に，Neuroscience and mathematics education / Cognitive Science（訳：神経科学と数学教育／認知科学）が新たに開設されたことなどからも，その注目度合いの高さがうかがえる。

そして，こうした数学教育の改善の成果は，「11. 教育評価と学力調査」において，適切に検証されなくてはならない。検証結果は，「1. 目標」を再度検討する際の指標として活用するなど，一連のサイクルのもと，各研究成果が有機的に関連し，総合的な研究へと進展していくことが期待されている。

このように，数学教育学の扱う分野は，数学の指導法といったものだけにとどまらず，教育内容や教育課程全般，さらには学習者の認知や評価といったことにまで及んでいる。また，近年のICTの発展により，それらを有効に活用した数学教育の試みも積極的に行われている。対象とする学習者も，小学生から大学生までだけでなく，乳幼児や成人，高齢者に至るまでの，幅広い年齢層にまで広まっている。

さらに，これらの各専門分野は，以下のような研究領域に細分化され，たとえば，「9. 教育評価と学力調査」の分野は，以下の研究領域によって構成される。

「(1)学力の評価，(2)保育園，幼稚園での評価，(3)小学校での評価，(4)中・高等学校での評価，(5)大学での評価，(6)進学試験，(7)学力の国内外比較」

図1.3は，これらの研究領域を現在的な項目に再設定し，関係性を踏まえ整理した構成図である。

「11. 教育評価と学力調査」の分野は，「10. 認知と生理学指標」による学習者の特性をもとに，まずは社会的要請などをも踏まえた中で，大枠としての「(1)学力の評価」が設定される。その後，各年齢段階，発達段階に応じて「(2)保育園，幼稚園での評価」，「(3)小学校での評価」，「(4)中・高等学校での評価」，「(5)大

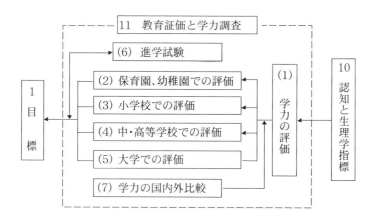

図 1.3 「教育評価と学力調査」における研究領域

学での評価」がそれぞれ設定・実施され，その結果は「1. 目標」の妥当性の検証や修正に反映される。

　一方，「(6)進学試験」における入試制度・内容等の変化は，実際の学校現場の授業にも大きな影響を与えることから，両者の良好な関係構築に関する研究も重要となる。さらには，「(7)学力の国内外比較」においては，PISA や TIMSS といった国際調査，全国学力・学習状況調査といった国内調査なども教育評価に影響を与える要因となることから，広く視野に入れて検討しておく必要がある。

　ところで，医療で近年盛んに提唱されているインフォームド・コンセントやセカンド・オピニオンといった概念は，教育実践においてどのようなものと対応するのであろうか。

　インフォームド・コンセントについては，ポートフォリオとルーブリックがそれに対応する概念となろう。ポートフォリオとは，自身の作品などを持ち運ぶためのケースを語源とし，教育用語としては，自身の評価に関わる試験，レポート，作品などの一式を意味する。ルーブリックとは，様々な学習活動における学習の到達度を評価する際に使用する評価指標である。この2つの概念を組み合わせて評価をする上で最も重要なのが，評価の主体が誰であるかということである。従来の評価では，評価の主体は教員であったが，この評価での主体には三つのタイプがあり，教員が主体である場合，教員と学習者が対等な関係である場合，学習

者が主体の場合がある。役割や上下関係を固定化するのではなく，公正性を保ちつつも柔軟な評価の体制づくりが今後の重要な研究テーマとなるであろう。

　セカンド・オピニオンについては，現行では公教育内で閉じたものとして機能しているというよりは，学校と塾・予備校といった関係がそれに対応する概念となろう。ただし，一つの授業を複数教員で運営するティーム・ティーチングといった概念は，複数の教員の評価が存在するという意味で，セカンド・オピニオンに近いものと捉えることができる。いずれにしても，教育実践における，セカンド・オピニオン的扱いは，研究の歴史も浅く，今後深く研究されるテーマであるといえる。

1.3 算数教育の目標

1.3.1 学習指導要領における教育全般の目標

　今回の学習指導要領では，中央教育審議会（2016）の答申で示された「よりよい学校教育を通じてよりよい社会を創る」という大目標のもと，「社会に開かれた教育課程」の実現が強調されることとなった。その具体化に向けては，下記の6点についての枠組みの改善が目指された。

①「何ができるようになるか」（育成を目指す資質・能力）

②「何を学ぶか」（教科等を学ぶ意義と，教科等間・学校段階間のつながりを踏まえた教育課程の編成）

③「どのように学ぶか」（各教科等の指導計画の作成と実施,学習・指導の改善・充実）

④「子供一人一人の発達をどのように支援するか」（子供の発達を踏まえた指導）

⑤「何が身に付いたか」（学習評価の充実）

⑥「実施するために何が必要か」（学習指導要領等の理念を実現するために必要な方策）

　①「何ができるようになるか」（育成を目指す資質・能力）については，汎用的な能力の育成を重視する世界的な潮流を踏まえつつ，知識及び技能と思考力，

判断力，表現力等とをバランスよく育成することが重視されることとなった。また，資質・能力を育むために「主体的な学び」，「対話的な学び」，「深い学び」の視点で，授業改善に努めることが示された。そして「深い学び」の充実に向けては，「どのような視点で物事を捉え，どのような考え方で思考していくのか」という各教科の「見方・考え方」を働かせることが重要であるとした。

また，②「何を学ぶか」，③「どのように学ぶか」については，

　　ア．「何を理解しているか，何ができるか」，

　　イ．「理解していること・できることをどう使うか」，

　　ウ．「どのように社会・世界と関わり，よりよい人生を送るか」

の三つの柱から捉え直し，教育課程と教育方法を整理することが求められた。

さらに，こうした取り組みの充実に向けては，生徒，教員，地域社会といった人的・物的資源を適切に活用し，教科等横断的な学習を織り込みながら教育課程を改善し，学習の効果の最大化を図るカリキュラム・マネジメントに努めることが求められたのである。

ところで，今回の改訂の重要なポイントは，各教科の固有の特性を超えた共通の目標として，上述の「①から⑥」，及び「アからウ」が掲げられていること，また，カリキュラム・マネジメントに謳われている教科間の垣根を下げた教育課程の構成を推奨していることである。すなわち，各教科の目標において，教科毎の独自性を極力抑え，各教科が志向するベクトルを揃え・集約することで最大の学習効果が得られるとの方針のもと，目標が設定されたのである。その結果，各教科の独自性は「見方・考え方」のところに集約して示されることとなった。

1.3.2　学習指導要領における算数教育の目標

さきの，教育全般における目標を踏まえ，小学校の算数の目標について概観する。

文部科学省（2018）の小学校学習指導要領解説算数編には，次のように記されている。

　「数学的な見方・考え方を働かせ，数学的な活動を通して，数学的に考える資質・能力を次のとおり育成することを目指す。

(1) 数量や図形などについての基礎的・基本的な概念や性質などを理解するとともに，日常の事象を数理的に処理する技能を身に付けるようにする。

(2) 日常の事象を数理的に捉え見通しをもち筋道を立てて考察する力，基礎的・基本的な数量や図形の性質などを見いだし統合的・発展的に考察する力，数学的な表現を用いて事象を簡潔・明瞭・的確に表したり目的に応じて柔軟に表したりする力を養う。

(3) 数学的活動の楽しさや数学のよさに気付き，学習を振り返ってよりよく問題解決しようとする態度，算数で学んだことを生活や学習に活用しようとする態度を養う。(pp. 21-22)」

こうした数学的な見方・考え方に基づき，数学的に考える資質・能力の育成が次のようになされるとする。

(1)では，算数の基礎的な概念や性質（例えば，二等辺三角形の定義と性質）についての理解と技能の習得に関する事項が記されている。

(2)では，日常生活に見られる現象を算数的視点から捉えたり，それらを数学的に正しく表現したりすることに関する事項が記されている。

(3)では，算数の持つ有用性や，算数的に考えることの楽しさ（例えば，事象における法則を見つけ出す），さらには算数を生活場面に適用しようとする態度に関する事項が記されている。

このように見ると，(1)はこれまでの算数の目標に示されたものと同様のものが多く，(2)は思考力とともに表現力などが強調される点に特徴があり，(3)は算数と日常生活との関連が重視されていることがわかる。このことは，前述の汎用的な能力の育成を志向した「知識及び技能と思考力，判断力，表現力等をバランスよく育成する」ことの影響が数学の目標に色濃く反映した結果であると捉えることができる。

1.3.3 これからの算数教育に期待されること

今回の学習指導要領の改訂の特徴は，汎用的能力という人間形成の立場から算数教育の目標へと収斂するものであった。先述の「1.1.3 数学教育学の専門分野」においては，こうした学習指導要領の方針とは別に，望ましい算数教育のあり方

についての研究の蓄積がなされてきた。その詳細については，インターネット上のJ-STAGEにおいて「数学教育学会誌」などのバックナンバーが公開されているので，それらを参照すれば概要を知ることができる。

　筆者としては，算数教育研究の歴史を踏まえた上で，これからの算数教育の目標は，次の四つを目指すことが重要であると考えている。

①知識基盤社会における基盤の知識の一つとしての算数の，基礎的内容の理解と活用能力の育成

②社会における様々な問いに対して，算数を駆使して問題を解決する能力の育成

③未来の社会を主体的・批判的・建設的に生きていくための，他教科を含む総合的な教育内容の理解とそれに基づく思考方法の育成

④他者との粘り強い論理的・共感的議論に基づく理解の共有と，協働的な行動様式の育成

　この詳細についてさらに学習したい際には，黒田（2022）を参照するとよい。

研究課題

1. 科学としての教育学を構築するために必要な要素について，具体的に記述しなさい。
2. 数学教育学の目的である「実践にみられる一般性の追究」について，実際の算数の指導場面を想定して，考えられる例を挙げなさい。
3. 算数教育における目標について，学習指導要領の要点を整理して，自身の考えをまとめなさい。

引用・参考文献

中央教育審議会（2016）「幼稚園，小学校，中学校，高等学校及び特別支援学校の学習指導要領等の改善及び必要な方策等について（答申）」

　平成28年12月21日

J-STAGE　https://www.jstage.jst.go.jp/browse/-char/ja

黒田恭史編著（2022）『中等数学科教育法序論』共立出版，東京

文部科学省（2018）『小学校学習指導要領（平成29年告示）解説 算数編』日本文教出版，

pp.21-22

文部科学省（2022a）「令和 3 年度　児童生徒の問題行動・不登校等生徒指導上の諸問題に関する調査」，令和 4 年 10 月

文部科学省（2022b）「日本語指導が必要な児童生徒の受入状況等に関する調査（令和 3 年度）」の結果について，令和 4 年 10 月

フィリス・モリソン著，村上陽一郎翻訳（1983）『パワーズ オブ テン—宇宙・人間・素粒子をめぐる大きさの旅』日本経済新聞出版，東京

西之園晴夫（1981）『授業の過程』第一法規，東京

OECD 教育研究革新センター（小泉英明監訳）（2010）『脳からみた学習−新しい学習科学の誕生』明石書店，東京

横地清（1978）『算数・数学科教育』誠文堂新光社，東京，pp.7-10

横地清（2001）『数学教育学の形成について』数学教育学会誌，42（1·2），pp.17-25

第2章

数学教育史

本章では，日本の近代数学教育の成立過程を概観する。結果として，政治・経済同様，教育にも酷似した時代の循環（ゆとりと詰め込み）がみてとれる。これは，各時代の把握が将来の予測に繋がることを意味する。ゆえに，「不易流行」（『去来抄』松尾芭蕉）を心得，自由な精神の下，本質的な取り組みが重要である。

2.1 学制・教育令期における数学教育

我が国の近代教育制度は，寺子屋などの存在が功を奏し，明治期に学制・教育令の下で土台が形成される。数学教育では，学制により**和算から洋算への転換が定められ**紆余曲折ある中で定着，不完全ながらペスタロッチ流の教授法が導入された。本節では以上の流れを中心として概観する。

2.1.1 学制以前の数学教育（和算時代）

近代教育の進展に幕末までの下記の様な近世教育制度が果たした役割は大きい。

- **藩校**:武士子弟の教育機関。学習館（紀州藩 1791 年），明倫館（長州藩 1718 年），日新館（会津藩 1803 年），弘道館（水戸藩 1841 年）など 200 校以上。
- **幕府直轄学校**:**湯島聖堂**（1690 年）に始まる**昌平坂学問所**（昌平校 1797 年）。現東京大学に繋がる。跡地に文部省（1871 年）などが設置された。

- **郷学校**：庶民対象。閑谷学校（岡山藩 1670 年），足利学校（栃木県足利市）。
- **寺子屋**：読み・書き・算盤を教える庶民の教育施設。幕末には，1.5 万ヶ所以上有。

　また江戸時代，日本には独自に発展した数学，つまり**和算**があり，近代数学教育の発展に寄与した。中でも，算聖と称せられる和算家 **関孝和**（1642 頃 – 1708）の功績には，円周率近似値，ベルヌーイ数の発見，微分積分関連事項，更には，算木による天元術，そして傍書法による点竄術があり，高弟 **建部賢弘**らもその学流を継承し発展させた。またこの時期，書籍が普及し専門的和算書籍の他，吉田光由（1598 – 1673）による算盤の指導書『**塵劫記**』（1627 年）などが登場した。

2.1.2 学制期（明治初期 -1879 年頃）

　明治新政府は，1871 年（明治 4 年）に**文部省**（初代文部卿 大木喬任，文部大輔 江藤新平）設置，翌 1872 年（明治 5 年）に**学制**（太政官布告第 214 号）公布，近代教育制度の第一歩を踏み出した。学制は全 109 章から成り，
- 序文で，「邑ニ不学ノ戸ナク家ニ不学ノ人ナカラシメン事ヲ期ス人ノ父兄タル者宜シク此意ヲ體認シ其愛育ノ情ヲ厚クシ其子弟ヲシテ必ス学ニ従事セシメサルヘカラサルモノナリ」と著し，子の就学を父兄の責任とした。
- 第三章で「学校ハ三等ニ区別ス大学中学小学ナリ」とし，全国を 8 大学区（8 大学校）に，1 大学区を 32 中学区（32 × 8 = 256 中学校）に，1 中学区を 210 小学区（210 × 256 = 53760 小学校）に分けることが規定された（翌年，7 大学，239 中学，42451 小学に改正）。
- 文部省年報によると学制初期（1873 年）と終期（1878 年）の尋常小学（下等小学 4 年 6-9 歳，上等小学 4 年 10-13 歳）の構成は次の通りである：

西暦	学校数	教員数	児童数	就学率（男・女・平均）		
1873 年	12558 校	25531 人	1145802 人	39.9%	15.1%	28.1%
1878 年	26584 校	65612 人	2273224 人	57.6%	23.5%	41.3%

　就学率は，下等小学 8 級は約半数ながら下等小学 7 級は 20% に満たず，上等小学も 1% に満たない状況，また府県や男女で格差が有り，序文の「不学ノ人ナカラシメン事」に至らず，小学校数も達成されてはいない。しかし，学制発布か

ら数年で初等教育施設が一定数揃えられたことはみてとれる。

　この状況下，**教員養成**は急務であり，文部省が，学制以前の1872年6月に発した布達「東京ニ師範学校ヲ開キ規則ヲ定メ生徒ヲ募集ス」の趣旨には「小学ノ師範タルヘキモノヲ教導スル処ナリ」「外国教師ヲ雇ヒ」とある。実際，師範学校（1872年，後の筑波大学）には，大学南校（後の東京大学）の教師マリオン M. スコット（米，1843-1922，1871年来日）を招聘し，本国での教科書・教具などを取り寄せ，**一斉教授法やペスタロッチ流の教授法・実物教授法**を伝えるなどし，教員養成に取り組ませた。また，師範学校校長 **諸葛信澄**（1849-1880）は『**小学教師必携**』（1873年）でその教授法を記した。その後，各大学区に一校の**官立の師範学校**（1873年 大阪・宮城，1874年 愛知・広島・長崎・新潟。財政事情でいずれも1878年までに廃止。）を設置，さらに各府県は教員養成のための学校（伝習所，師範学校など）を設け，小学校教員の養成を目指した。ただ，現場では，スコットによる本国からの掛け図を使った**問答教授**が中心となり，実物教授本来のねらいは達成できなかった。

　算術教育に関しては，その関心事は，**和算と洋算のいずれの採用か**であった。設置当初の文部省中小学掛には，諸葛信澄と吉川孝友がいた。和算家 高久守静(1821-1883) は，1871年に文部省に呼ばれ，東京府小学校教員としての奉職を打診され，算術が和算であることを確認し快諾，更に，小学校教科書の作成も依頼され『数学書』（全5巻・附録答式全5巻）を著した。よって当初，和算採用であったことが窺えるが，実際には，西欧的近代化と陸海軍での西洋数学導入により，「洋法ヲ用フ」と洋算採用が学制に記された。ただこの後，洋算一筋で算術教育が進むわけではなく，文部省布達第10号（1874年）では和洋兼学になるなどした。

　ところで，学制には，教科名の記載はあるが，教科内容や時間配当，教科書などは記されていなかった（算術は「算術九九数位加減乗除但洋法ヲ用フ」とのみ記載）。また，**小学教則**（1872年，翌年改正）が公布されるがそれでも教授内容や教科書内容の点で和算からの脱却が充分ではなかった。そこで諸葛信澄（文部省から師範学校に異動）は，スコットに**下等小学教則**（1873年）の編成や『**小学算術書**』（巻1-4は1873年，巻5は1876年刊）の作成になどにもあたらせた。なお，この時代『**筆算訓蒙**』（塚本明毅，1869）や『**洋算早学**』（吉田庸徳，1872）

などの教科書もあった。

この当時の 1877 年には，赤松則良，岡本則録，菊池大麓，寺尾寿，中條澄清，福田理軒らを含む和算家・洋算家 約 115 名が会員となり**東京数学会社**（現 日本数学会）が設立された。

この様な状況下，国内の数学は，漢数字からアラビア数字へ，それらを用いた数式へ，縦書きから左起横書き表現へ，そして算盤から筆算へ，と和算から洋算への変化が起こった。結果，国内における数学の世界は一変，実学的側面を有し，途中に和算との併用の時代がありつつも浸透した。

2.1.3 教育令期（1879-1886 年頃）

1879 年，学制を廃止し，**教育令**が公布され，学区制が廃され，教育行政の一部が地方に委任されるなどした。また，8 年を小学校修業年限とするが，最短 16 ヶ月でよいなどが記され，小学校廃校の動きも現れた。翌 1880 年の教育令改正で学校の設置や就学規程が強化されたが，4 年までの短縮や毎年 4 ヶ月以上授業すればよいとする制度であった。1885 年の再改正教育令では，地方の教育費節減のために簡易小学教場の設置を認めるなど，経済情勢に応ずるための方策がとられた。

文部省年報によると教育令期初め（1880 年）と終わり（1885 年）における小学校の学校数・教員数・児童数などは次の通りである：

西暦	学校数	教員数	児童数	就学率（男・女・平均）		
1880 年	28410 校	72562 人	2348859 人	58.7%	21.9%	41.1%
1885 年	28283 校	99510 人	3097235 人	65.8%	32.1%	49.6%

一方，**小学校教則綱領**では，「第一章 小学科ノ区分」（修業年限（初等科 3 年，中等科 3 年，高等科 2 年），学科など），「第二章 学期，授業ノ日及時」（休業日，授業時間など），「第三章 小学各等科程度」が定められた。特に，「第十三条 算術」では，初等科・中等科には，筆算もしくは珠算，または両者の併用に関する記載があるほか「算術ヲ授クルニハ日用適切ノ問題ヲ撰ヒ務テ児童ヲシテ算法ノ基ク所ノ理及題意等ヲ考究セシムヘシ」との記載がある。加えて，教則綱領の初等科 1 年には「実物ノ計方」「実物ノ加減」が記された。これは当時の東京師範

学校長 **高嶺秀夫**（1854-1910）らによる**開発教授**を具現化したものである。この開発教授は，オスウィーゴ師範学校（校長シェルドン，現ニューヨーク州立大学オスウィーゴ校）に留学していた高嶺が，そこでのペスタロッチの教育思想を推進する教育改革（**オスウィーゴ運動**）を同時期に米国留学し後に東京師範学校長となった**伊沢修二**（1851-1917）らと帰国後に普及した教授法である。その教えは，両氏に指導を受けた若林虎三郎と白井毅とが『**改正教授術**』（1883年）として著された。また，この開発教授は，中條澄清（1849-1897）などの数学教育者に影響を与え，関連する算術教科書も出版された。これは当時，中学校数が減らされた（1879年784校 生徒数約4万，1887年48校 生徒数約1万）ことなどで流行した『**数学三千題**』（尾関正求，1883年）に代表される求答主義，注入主義に対峙する立場をとることになった。

なお，この時期，各府県に次の様に師範学校の設置が求められ，各師範学科では，初等で算術，中等でさらに幾何，高等でさらに代数が教授された：

- 「公立師範学校ヲ設置スヘシ」（教育令）
- 「小学校教員ヲ養成センカ為ニ師範学校ヲ設置スヘシ」（改正教育令）

2.2 学校令期における数学教育

我が国は，1885年の内閣制度，1890年までの憲法・帝国議会などにより近代国家体制を着実に形成していった。また並行して，教育体制が養成機関（師範学校）も含め整えられた。ただ，さきの時代のペスタロッチ流の教育思想や，20世紀初頭に西洋で起こった数学教育改造運動などの教育思想の影響を受けていたのは事実である。本節では，学校令期が公布されていたこの時期を使用された教科書に沿いおおよそ

(1) 検定教科書，(2) 第1-3期国定教科書，(3) 第4-5期国定教科書。

の3つに区分し，各期の小学校を中心とする数学教育について述べる。

2.2.1 学校令期 (1)（1886-1900年頃）

初代文部大臣 **森有礼**は，小学校の設置・運営に関する**小学校令**（1886年，全16条）を公布し，尋常・高等の修業年限を各4年と定め，尋常小学校に「義務化」

規定（第三条）を設けた。その後，就学率は向上，1900 年頃には 90% を超えた。更に小学校令第十二条「小学校ノ学科及其程度ハ文部大臣ノ定ムル所ニ依ル」に基づき小学校ノ学科及其程度を公布した。また教科書に関しては，自由採択，開申制度（1881 年），認可制度（1883 年）を経て**検定制度**が第十三条「小学校ノ教科書ハ文部大臣ノ検定シタルモノニ限ルヘシ」により制度化され（関連省令「教科用図書検定条例」（1886 年），「教科用図書検定規則」（1887 年）），検定教科書が多数刊行された。

　次に，第二次・第三次小学校令について簡単に触れる：

・第二次小学校令（1890 年 全面改正 全 8 章 96 条）…修業年限は尋常 3,4 年，高等 2,3,4 年。第十二条「小学校教則ノ大綱ハ文部大臣之ヲ定ム」により，各教科目・要旨が記された小学校教則大綱が公布された。

・第三次小学校令（1900 年 全面改正 全 9 章 73 条）…修業年限は尋常 4 年，高等 2,3,4 年。尋常小学校に高等小学校を併置した尋常高等小学校（義務教育年限延長を見据え奨励），尋常小学校教科目の厳選（修身・国語・算術・体操），授業料無償化，進級・卒業試験の廃止（等級制から学級制への移行，同一年齢学習集団組織形成），一学年期間を 4 月 1 日 - 翌年 3 月 31 日とすることなどが記された。その後，1907 年にも改正され義務教育が 6 年と規定された。関連省令として，小学校令施行規則が公布されている。

　数学教育に関しては，**小学校ノ学科及其程度**（1886 年，全 10 条）で算術が置かれ，毎週授業時間が六時と定められ，尋常小学科では珠算を，高等小学科では筆算を用いることが記されている。続く**小学校教則大綱**（1891 年）では，従前の「学科」を「教科目」と称し，第五条で「算術ハ日常ノ計算ニ習熟セシメ兼ネテ思想ヲ精密ニシ傍ラ生業上有益ナル知識ヲ与フルヲ以テ要旨トス」「算術ヲ授クルニハ理会精密ニ運算習熟シテ応用自在ナラシメンコトヲ努メ又常ニ正確ナル言語ヲ用ヒテ運算ノ方法及理由ヲ説明セシメ殊ニ暗算ニ熟達セシメンコトヲ要ス」と記されている。更に続く**小学校令施行規則**（1900 年）では，その第四条で「算術ハ日常ノ計算ニ習熟セシメ生活上必須ナル知識ヲ与ヘ兼テ思考ヲ精確ナラシムルヲ以テ要旨トス」「算術ヲ授クルニハ理会ヲ精確ニシ運算ニ習熟シテ応用自在ナラシメンコトヲ務メ又運算ノ方法及理由ヲ正確ニ説明セシメ且暗算ニ習熟セシメ

ンコトヲ要ス」と記されている。また,「算術ハ筆算ヲ用フヘシ土地ノ情況ニ依リテハ珠算ヲ併セ用フルコトヲ得」とあり,学制期以来,珠算,珠算・筆算併用時代を経て,筆算を主とする時代になる変遷がみてとれる。

次にこの時期の数学教育に影響を与えた**菊池大麓**(1855-1917),**寺尾寿**(1855-1923),**藤沢利喜太郎**(1861-1933)を簡単に紹介する。

菊池は,ケンブリッジ大学で学び,東京大学教授(1877年),東京帝国大学教授(1898年)を経て,第1次桂内閣文部大臣(1901年)となった。著書に『**幾何学講義**』第一,二巻(1897,1906年)があり,「幾何學ト代數學トハ別學科ニシテ幾何學ニハ自カラ幾何學ノ方法有リ,濫ニ代數學ノ方法ヲ用キル可カラザルナリ」(第一巻)と述べた。

寺尾は,パリ大学で数学と天文学を学び,東京物理学校(現 東京理科大学)初代校長(1883年)となり,30年以上にわたり初代天文台長を務めた。また,『**中等教育算術教科書**』上・下巻(1888年)を著し,三千題流の注入主義を批判,「算術ノ如キ其持前トシテ至極面白キモノナルガユヘニ,授業法其宜シキヲ得レバ,唯之ニ由テ數理ヲ會セシムルノミナラズ,之ヲ利用シテ生徒ノ精神ノ發達ヲ促スノ効決シテ他ノ學科ニ讓ラズ…」(上巻)と述べ,**理論算術**を提唱した。

藤沢は,ベルリン大学でクロネッカーに師事し,ロンドン大学などでも学び,帝国大学(1887年)の教授となる。著書に,中学校算術の教授法に関わる『**算術条目及教授法**』(1895年)と『**数学教授法講義筆記**』(1900年)や,中学校用教科書『算術教科書』上下巻(1896年)などがある。「三千題流」「開発主義」「理論算術」を批判し,「…數ハ數ゾヘルヨリ起ルト云フコトヲ初等教育ニ應用シマシタナラバ必ズ初等教育ニ於ケル多クノ困難ハ無クナルダラウト考ヘマシテ,其ノ實行ノ方法ヲ研究シテ居リマシタ……」(『数学教授法講義筆記』p.57)と主張し,いわゆる数え主義を提唱し,また「算術ハ純粋ノ数学ニアラズ」(『数学教授法講義筆記』p.64)と述べ,算術を学問から分離した。

2.2.2 学校令期(2)(1900-1930年頃)

1903年,文部大臣 菊池大麓は小学校令の改正を行うなどし,**国定教科書制度**を確立させた。これには,検定教科書の内容上の不備や,粗悪な紙質にもかかわ

らず高価格であったこと，帝国議会での教科書国定化の動きが関係している。さらに，教科書採択の贈収賄事件，いわゆる**教科書疑獄事件**（1902 年）がこの動きに拍車をかけた。

　この時期，海外では**数学教育改造運動**が起こった。それは，1901 年開催の英国学術協会年次大会（グラスゴー）でのジョン・ペリー（英，1850-1920）の講演「数学の教育」に始まる。当時，イギリスでは，ユークリッド原論を教材とし，公理や定義から命題の証明を繰り返し，抽象的数学要素を含む学習が行われていた。これに対してペリーは，グラフや函数，微分積分を導入し，実験や測定を取り入れた新たな教育方法を提案した。また，クライン（独），ボレル（仏），ムーア（米）などの数学者も同様の主張を各国で展開，世界的運動として広まった。我が国でも 1910 年頃，クラインの下で数学教育を研究した東京高等師範学校 黒田稔が改良を推進した。また**小倉金之助**は『**数学教育の根本問題**』（1924 年）を著し，数学教育の意義は**科学的精神の開発**にあり，数学教育の核心は函数観念の育成にあること，数学を分科せず「融合主義」をとる必要があることを主張した。さらに，佐藤良一郎（東京高師附中教諭）も『初等数学教育の根本的考察』（1924 年）を著し，如何に教えるべきかより何を教えるべきかを説き，代数と幾何の総合的取り扱いを主張した。加えて，就学率の上昇などによる教育への関心，大正自由教育運動も影響し，子ども目線の数学教育の関心が高まった。

　数学教育に関しては，1905 年に第 1 期国定算術教科書『**尋常小学算術書**』（**黒表紙教科書**）が発行・使用開始された。本教科書では飯島正之助（委員長：第一高等学校教授，帝国大学星学科 1889 年卒），中村兎茂吉（文部省，帝国大学物理学科 1894 年卒）らが編集委員となり，藤沢利喜太郎の理念「数え主義」を採用，分科主義や形式陶冶説に基づいていた（つまり，数学教育改造運動とは逆方向に進んでいた）。その後，『尋常小学算術書』は 1910 年（第 2 期）に義務教育年限延長で，1918 年（第 3 期）に欧米教育思想を含む時世の要求で，1925 年（第 3 期改正）にメートル法改正・幾何内容の拡充で各々修正された。

2.2.3　学校令期 (3)（1930-1945 年頃）

　日本は対外的には戦時色が濃くなり，国内でも五・一五事件（1932 年）など

が発生，政治状況も不安定となり太平洋戦争（1941年）に突入した。

教育にもこの影響は波及し，「国民学校，師範学校及幼稚園ニ関スル件」についての教育審議会の答申（1938年12月）により，**国民学校令**（1941年）が公布された。ここでは，義務教育8年（国民学校初等科6年，高等科2年（戦時下で未実現））が規定された他，第一条には「国民学校ハ皇国ノ道ニ則リテ初等普通教育ヲ施シ国民ノ基礎的錬成ヲ為スヲ以テ目的トス」と目的が要約されている。この基礎的錬成（錬磨育成）を目的とし，5教科（国民科，理数科，体練科，芸能科，実業科（高等科））が設けられ，各々の教科は，科目に細分化された（例：理数科は，算数と理科）。更に戦況悪化により，**戦時教育令**（1945年）が公布され，国民学校初等科を除き授業は停止した。

数学教育に関しては，**塩野直道**（1898-1969）による数理思想を反映した**第4期国定教科書**『**尋常小学算術**』（**緑表紙教科書**）が出版された。塩野は，当初は黒表紙教科書の改訂に携わるが，教科書に対する批判は烈しかった。そこで，抜本的かつ全面的な改訂が必要と判断し，上役の中村兎茂吉主任を越え図書局長に改訂の上申書を提出，小学算術書の編纂に当たることとなった。その後，塩野は，小倉金之助の「数学教育の目的は科学的精神の開発にある」に触発され，「**数理思想の開発**を主眼とす」を方針として掲げた。当時これは，小学校令施行規則（1900年）の算術要旨に反すると指摘されたが「現代的解釈」として認めさせ，ここに**数理思想**が誕生した。結果として1935年に第1学年用（上下2冊），その後は年次進行で，1940年には黒表紙教科書の数え主義理論から脱却し，「数理思想を開発」し「日常生活を数理的に正しくする」ことを目標とした緑表紙教科書が完成を迎えた。

しかし，緑表紙教科書の時代は長く続かず，国民学校令（1941年）の下，算術は，教科「理数科」の中の一科目「**算数**」となり，1942年には緑表紙教科書の思想を受け継ぐが軍事色の強い**第5期国定教科書**（**水色表紙教科書**）となる『**カズノホン**』（1-2年全4巻），『**初等科算数**』（3-6年全8巻）が出版された。なお，国民学校令施行規則には，「理数科算数ハ数，量，形ニ関シ国民生活ニ須要ナル普通ノ知識技能ヲ得シメ数理的処理ニ習熟セシメ数理思想ヲ涵養スルモノトス」（第八条）とあり，数理思想の継承が窺える。

1945年，第二次世界大戦が終結し日本は敗戦国となり，教育情勢は一変する。具体的には，国民学校令・中等学校令・師範学校令という各学校令や教育勅語などが廃止され，その一方で，**教育基本法**（1947年）や教育三法として現在に繋がる**学校教育法**（1947年），教育委員会法（1948年，後の地方教育行政の組織及び運営に関する法律（1956年）により廃止），教育職員免許法及び教育公務員特例法（1949年）が順に制定された。中でも，**学校教育法施行規則**（1947年5月）の条文により，**学習指導要領**が定められ，これにより一定水準の初等・中等教育を受けられることが保障されることとなった。その後，学習指導要領の全面改訂は約10年毎にこれまで7度実施され，現在は，文部科学大臣から**中央教育審議会**へ諮問があり，その答申を受け行われている。

本節では，戦後を学習指導要領の各時代を単位として区切り，各々の時代背景も含め記した上で数学教育の目標などの特徴的内容を述べる。

2.3.1 経験主義・生活単元学習（1945-1958年頃）

連合国軍最高司令部GHQの要請により2回にわたり**米国教育使節団**（1946, 1950年）が来日した。次は，その報告書のうち学校教育に関わる事項の一部であり，ここに現在に至る教育の骨格形成を見ることができる：

- 中央集権化でなく地方分権化した教育制度の確立。
- 市町村・都道府県の（新）教育行政機関（後の，教育委員会）に学校認可・教員免許状付与・教科書選定の権限を付与。
- 公教育での男女別学から男女共学への移行，授業料無徴収の義務教育課程9年間（小学校6年・中学校（初級中等学校）3年）への延長と高等学校（上級中等学校）3年間を合わせた6・3・3制の導入。
- 教育の民主化の為，国史・修身・地理の停止（社会科新設）と国定教科書の廃止。
- 国語改革（国字・ローマ字の採用）。
- 教員養成は高等師範学校と同等水準とし，4年制大学へ格上げ。

なお，報告書の序論には，「教師の最善の能力は，自由の空気の中においての

み十分に現はされる。この空気をつくり出すことが行政官の仕事なのであって，その反対の空気をつくることではない。子供の持つ測り知れない資質は，自由主義といふ日光の下においてのみ豊かな実を結ぶものである。」，教授法と教師養成教育の項目には，「新しい教育の目的を達成するためには，つめこみ主義，画一主義，及び忠孝のやうな上長への服従に重点を置く教授法は改められ，各自に思考の独立，個性の発展，及び民主的公民としての権利と責任とを，助長するやうにすべきである。」とあり，共に今に通じ，また学ぶべき姿勢があると考えられる。

　1947年，学習指導要領 一般編（試案）が発行され，その序論には一番大切なこととして「これまでとかく上の方からきめて与えられたことを，どこまでもそのとおりに実行するといった画一的な傾きのあったのが，こんどはむしろ下の方からみんなの力で，いろいろと，作りあげて行くようになって来た」と方向転換した戦後教育の第一歩が記された。

　1947年の学習指導要領 算数科・数学科編（試案）には，「算数科・数学科指導の目的」「算数科・数学科学習と子供の発達」「指導内容の一覧表」「算数科・数学科の指導法」「指導結果の考査と活用」「第一～九学年の数学科指導」についての記載がある。特に目的は次のように述べられている：

　　「小学校における算数科，中学校における数学科の目的は，日常の色々な現
　　象に即して，数・量・形の観念を明らかにし，現象を考察処理する能力と，
　　科学的な生活態度を養うことである。」

　この学習指導要領（試案）に合わせて，新たに小学校国定教科書『算数』が発行されるが，CIE（GHQの一部局である民間情報局）から学習内容の程度が高いと指摘され，翌1948年には**『算数数学科指導内容一覧表』**（算数数学科学習指導要領 改訂）が出された。結果，学習内容が約1年間分滞ることになる。事実，例えば，『さんすう 一』（第1学年用）は『さんすう 二』として用いられた。但し，第4学年に関しては，生活単元学習を念頭においた『小学生のさんすう』（1949年，三分冊本，国定から検定への移行期のため文部省著作教科書）が編集された。それは，各算数的項目「課」を，日常生活を想定した複数の「単元」に分ける構成になっていた。これは，ジョン・デューイ（米国，1859-1952）の「経験を通じて学習活動を行う」(Learning by doing)を教育理念にした「経験主義」の影

響によるもので，**問題解決学習** (Problem-Solving Learning) が取り入れられた。しかし，系統性がなく，問題解決の手法と位置づけられ，また小数・分数の乗除などが小学校から中学校に移行となり学力低下が生じた。なお，1951 年にも学習指導要領は，改訂されたが，「根本的な考え方には相異がない」とそのまえがきに記されている。

この時期の学習指導要領には法的拘束力がなく，数学教育者らは新たな数学教育の樹立を目指した。特に，小倉金之助や**水道方式**で著名な遠山啓らによる数学教育協議会（1951 年），彌永昌吉・横地清らによる数学教育学会（1959 年）などの民間の数学教育団体が，米国流の生活単元学習を批判し，独立した日本国家における国民の育成に相応しい数学教育を創るため設立，その活動は現在にも至る。またこの時期には，新教育に関わり，教師指導の一環として，IFEL（アイフェル，教育長等講習，後に教育指導者講習）が開催された。

【キーワード】新教育，経験主義，生活単元学習，問題解決学習

2.3.2 系統学習（1958-1968 年頃）

時代は遡るが，1950 年代から学力調査が実施された。実際，1951 年には久保舜一（国立教育研究所，対象：横浜市内），1952 年には全国を対象に国立教育研究所（3 年間）・日本教職員組合（中間調査，翌年本調査）が調査を行い，学力低下を示し，新教育を揺さぶる問題提起を行った。

その後の 1956 年から文部省は，**全国的学力調査**を小・中学校最高学年に実施したが，競争の過熱や教職員組合などの反対運動，更には，旭川学テ事件裁判第一審（1966 年）での違法との司法判断のため全面中止となった（1976 年の最終審で適法となる）。

また 1962,1963 年には**教科書無償化**に関する法律が成立し，1966 年に小学校全学年，1969 年には義務教育諸学校児童生徒への無償給与が完成した。

この時代，学校教育法施行規則が改正され，1958 年に**法的拘束力を有する小学校学習指導要領**が「告示」された。学力低下が指摘された生活単元学習から系統学習へとシフト，各教科の目標・指導内容や最低年間授業時数が記された。

「もはや戦後ではない」（『経済白書』1956 年度）高度経済成長の状況下，基礎

学力重視，科学技術教育向上のため内容の充実が強調され，算数科の時間配当は大幅に増え，系統性が打ち出され，学習指導要領の目標には，共通して「**数学的な考え方**」という表現が用いられた。

【キーワード】系統学習，基礎学力の充実，科学技術教育の充実

【算数領域】A 数と計算，B 量と測定，C 図形，（D 数量関係：3 ～ 6 年のみ）

2.3.3　数学教育現代化（1968-1977 年頃）

　ソ連による人類初の人工衛星スプートニク 1 号打ち上げ成功（1957 年）は，東西冷戦下でのアメリカを中心とする西側諸国に衝撃を与え，学校数学研究会（SMSG）が創設されるなどした。その影響は多分野に及び，科学技術教育の重要性が意識され，教育内容の現代化として表出した。高度経済成長期であった日本も科学技術教育の充実のため現代化へ進んだ。一方，ウッズホール会議（1959年）で議長を務めた**ブルーナー**は**発見学習**（『教育の過程』（1961 年））を提唱，学習指導要領（1968 年）に影響を与えた。

　その学習指導要領の小学校算数では，4 年で集合の用語や記号「｜｜，⊂」を扱い，集合の考えを育成し，5 年では 2 次元表やベン図を使いながら，2 つの集合から部分集合を作る学習（和集合，共通部分，補集合）を行い，また応用として三角形・四角形の包摂関係や公倍数・公約数の学習でベン図を用い，さらに，負の数が 6 年生で扱われた。一方，中学校では，集合の意味や集合間の関係の他，用語・記号として，集合，要素，元，∈，∋，∩，∪などが用いられた。発達段階に沿う提示・スパイラル方式がとられるが形式的指導に陥るなどし，教育現場の実情は，「新幹線授業」（1964 年東海道新幹線開業），「詰め込み教育」，「教育内容の消化不良状態」となった。なお，アメリカでは既に 1960 年代後半には既にこのような症状が出ていたが，法的拘束力を持つ学習指導要領の下で，問題の深刻化に結果として効果的歯止めの一手が打たれることなく，学習意欲の衰退だけでなく落ちこぼれや校内暴力に繋がることもあり，授業の成立さえ危ぶまれる状況に陥ることもあった。

【キーワード】数学教育の現代化，スプートニックショック，発見学習

【算数領域】A 数と計算，B 量と測定，C 図形，（D 数量関係：2 ～ 6 年のみ）

2.3.4 基礎・基本とゆとり（1977-1989年頃）

「小学校，中学校及び高等学校の教育課程の改善について」（1973年）の教育課程審議会答申（1976年）を受け，1977年に学校教育法施行規則を改正し，学習指導要領が改訂された。その方針は「人間性豊かな児童生徒の育成」，「教育内容の精選と創造的な能力の育成」，「ゆとりある充実した学校生活の実現のため各教科の標準授業時数の削減」，「教師の自発的な創意工夫」であり，ここに「**ゆとり**」が誕生した。

学習指導要領では，算数の目標がこれまでの複数の項目立てから次のように簡潔に記載されるようになった：

「数量や図形について基礎的な知識と技能を身につけ，日常の事象を数理的にとらえ，筋道を立てて考え，処理する能力と態度を育てる。」

学習内容としては，現代化の影響を受けた集合や負の数などの内容は削除もしくは他学年に移行され，ゆとりが授業時間と学習内容で表出された。

【キーワード】基礎・基本，ゆとり

【算数領域】A 数と計算，B 量と測定，C 図形，（D 数量関係：3〜6年のみ）

2.3.5 新学力観（1989-1998年頃）

1987年の教育課程審議会答申「幼稚園，小学校，中学校及び高等学校の教育課程の基準の改善について」で，関心・意欲や体験を重視する**新学力観**が登場し，従来の知識・技能重視の学力から転換が謳われた。これを受け1989年の学習指導要領では，基礎的・基本的な内容の指導や，道徳教育の充実などで社会の変化に自ら対応できる心豊かな人間の育成や創造性の基礎を培うこと，個性を生かす教育の充実に努めることが打ち出された。結果，指導から支援へと授業が変移し，体験学習や問題解決学習の割合が増加した。また，授業時数は，前学習指導要領と変化ないが，限定的に学校週五日制が国公立学校に導入された。ただ，このような状況は学力格差を生じさせ，学校への学力形成の依存度が高い環境の子どもほど，その状況が現れることとなった。この時代，小学校低学年の理科と社会科が統合され，新設教科となる**生活科**も誕生した。

また,教育職員養成審議会の答申「教員の資質能力の向上方策について」(1987年12月)が出された直後に教育公務員特例法が改正され,**初任者研修制度**が創設された。これが法制度の下での教員研修制度の始まりとなる。

学習指導要領での算数の目標は次の通りである：

「数量や図形についての基礎的な知識と技能を身に付け,日常の事象について見通しをもち筋道を立てて考える能力を育てるとともに,数理的な処理のよさが分かり,進んで生活に生かそうとする態度を育てる。」

特に,「**進んで生活に生かそうとする態度**」などの文言が加わった。

【キーワード】新学力観,基礎的・基本的な内容の重視,個性の重視

【算数領域】A 数と計算,B 量と測定,C 図形,(D 数量関係:3〜6年のみ)

2.3.6 生きる力（1998-2008 年頃）

完全週五日制実施の状況下,1998 年改訂告示の小学校学習指導要領の時代となり,授業時数は約 14%,教育内容は約 3 割削減され,戦後最も少なくなった。また,変化の激しいこれからの社会を生きるために,確かな学力,豊かな人間性,健康・体力という**知・徳・体**のバランスのとれた力,すなわち「**生きる力**」の育成が,生涯学習社会を見据え重視された。また,「**総合的な学習の時間**」（小学校第3-6学年）が生きる力に関わり新設された。ただ 2000 年の PISA (Programme for International Student Assessment, OECD 実施) の結果,懸念されていた学力低下が表出,そこで 2002 年,新学習指導要領実施直前の 1 月,文部科学省は,「確かな学力の向上のための 2002 アピール「学びのすすめ」」を発表し,「**確かな学力**」の推進を打ち出した。さらに翌 2003 年には,学習指導要領が一部改正され,「…を取り扱わない」「…のみを扱う」「…程度にとどめる」というような,いわゆる「**はどめ規定**」に関わる「過不足なく教えなければいけない」が削除され,**学習指導要領は最低限教えなければならない内容**であり,「学校において（特に）必要がある場合には,この事項にかかわらず指導することができる」,つまり,学習指導要領の内容を超えて「発展的な学習内容」も教えられる旨が加筆された。その後の検定教科書には,幾ばくかの内容が加筆・反映されたが,この一連の流れは,現場を振り回すことになった。

授業時数は，各学年 20 時間以上削減され，学習内容は，次のような削減や移行がなされた：

- 倍数・約数などが小学校第 5 学年から第 6 学年に移行。
- 場合の数，合同，線対称・点対称，拡大図・縮図などが中学校へ移行。
- 台形の面積が削除。
- 小・中学校の度数分布表・柱状グラフ削除。（高校「基礎数学」で扱う）

　小学校学習指導要領での算数の目標は次の通りである：

　「数量や図形についての算数的活動を通して，基礎的な知識と技能を身に付け，日常の事象について見通しをもち筋道を立てて考える能力を育てるとともに，活動の楽しさや数理的な処理のよさに気付き，進んで生活に生かそうとする態度を育てる。」

　これらは新学力観時代の目標と類似するようではあるが，この時期に**「算数的活動」**（中学校・高等学校では，**「数学的活動」**）の用語が登場した。

【キーワード】生きる力，基礎・基本の確実な定着，（狭義）ゆとりの世代

【算数領域】A 数と計算，B 量と測定，C 図形，（D 数量関係：3 〜 6 年のみ）

2.3.7　脱ゆとり，生きる力のはぐくみ（2011-2017 年頃）

　前学習指導要領下での学習到達度調査（PISA）の順位は下降を辿り（2000, 2003, 2006 年），ゆとり教育による学力低下論争が起こった。この様な中，教育基本法が約 60 年を経た 2006 年に初の全面改正となり，翌 2007 年には学校教育法も改正され，**学力の 3 要素**（第三十条 2「生涯にわたり学習する基盤が培われるよう，**基礎的な知識及び技能**を習得させるとともに，これらを活用して課題を解決するために必要な**思考力，判断力，表現力その他の能力**をはぐくみ，**主体的に学習に取り組む態度**を養うことに，特に意を用いなければならない。」）が提示された。

　さらに翌 2008 年には新たな学習指導要領が告示された。この中で文部科学省は，前学習指導要領に続き「生きる力」を掲げるものの，ゆとりでも詰め込みでもなく，知識，道徳，体力のバランスが取れた力である「生きる力」の一層の育成を目指し，また思考力・判断力・表現力などの育成などを目指し，**「脱ゆとり」**

の方向に進むこととなった。結果，1980年以来，減少してきた授業時数が，小学校は5645コマ（+278コマ）に増加した。

　この時期，小学校第5,6学年に「外国語活動」が創設された。2007年からは，約40年ぶりに小学校第6学年と中学校第3学年を対象に**全国学力・学習状況調査**が実施された。ゆとりによる学力低下による本調査は，戦後GHQ主導の生活単元学習による学力低下による文部省の全国的学力調査を彷彿とさせ，その導入・実施・結果を用いた対応には賛否を含む事態となった。また，2015年，学習指導要領を一部改正し，教科外活動（領域）の小学校「道徳」を教科「特別の教科道徳」とし，検定教科書を導入した。

　小学校での国語・社会・算数・理科・体育の各教科において授業時数が約10%増加した（小学校 低学年2コマ/週, 中・高学年1コマ/週 増加）。加えて，理数教育の充実のため，台形の面積が小学校算数で復活，さらに，伝統や文化に関する教育の充実の観点から，小学校算数での「そろばん」の扱いが重視された。

　学習指導要領での算数の目標は次の通りである：

　　「算数的活動を通して，数量や図形についての基礎的・基本的な知識及び技能を身に付け，日常の事象について見通しをもち筋道を立てて考え，表現する能力を育てるとともに，算数的活動の楽しさや数理的な処理のよさに気付き，進んで生活や学習に活用しようとする態度を育てる。」

　上記目標の通り，**「算数的活動」**の文頭に表れ位置づけが強化され，**「表現する能力」**が加わり重点が置かれるようになった。

【キーワード】生きる力をはぐくむ，脱ゆとり

【算数領域】A 数と計算, B 量と測定, C 図形, D 数量関係

研究課題

1. 戦前の主たる算術教科書の特徴を数学教育の背景も関係させ説明せよ。

2. 数学教育者 塩野直道・小倉金之助に関する教育思想を考察せよ。

3. 我が国の数学教育は，西洋数学教育思想の影響を受けている。その実情をまとめよ。

4. 各学習指導要領での数学教育の特徴・現在への影響を分析せよ。

5. ドイツ宰相ビスマルクの「愚者は経験から学び，賢者は歴史に学ぶ」，イギリス首相チャーチルの「未来のことはわからない。しかし，われわれには過去が希望を与えてくれるはずである。」などからも，歴史からの学びは，将来の方向を示唆するものである。これまでの数学教育史の学びから，我が国の将来における数学教育の方向性について意見を述べよ。

引用・参考文献 及び 資料

小倉金之助（1932）『数学教育史』，岩波書店

小倉金之助，鍋島信太郎（1957）『現代数学教育史』，大日本図書

海後宗臣，仲新 (1962-1964)『日本教科書大系 近代編 算数（一）－（五）第 10-14 巻』，講談社

塩野直道（1970）『数学教育論』，新興出版社啓林館

中谷太郎，上垣渉（2010）『日本数学教育史』，亀書房

中村正弘，寺田幹治（1972）『数学選書数学教育史』，槙書店

松原元一，『日本数学教育史 算数編』，風間書房，Ⅰ（1・2）（1982），Ⅱ（1・2）（1983）

松宮哲夫（2007）『伝説の算数教科書＜緑表紙＞―塩野直道の考えたこと』，岩波書店

松宮哲夫（2015），数理思想に基づく緑表紙に至る道，理数啓林 No.1-10，啓林館

文部省，『学制百年史』『学制百二十年史』，帝国地方行政学会（1972, 1992）

[付記] 本章は，黒田恭史編著（2022）『中等数学科教育法序論』「第 2 章 数学教育史」共立出版（pp.21-50）をもとに加筆修正を行ったものである。

【資料：数学教育年表】

時代	西暦	出　来　事
学制期	1868	3月 五箇条の御誓文，10月 年号が明治に改まる
	1871	8月 廃藩置県，9月 文部省設置
	1872	師範学校設立，師範学校開校，学制（太政官布告第214号）公布，小学教則公布
	1873	小学教則改正，下等小学教則，『小学算術書』（文部省編纂）→実物教授，『小学教師必携』（諸葛信澄）
	1877	東京数学会社（現・日本数学会）設立
教育令期	1879	教育令公布（「学制」廃止）
	1880	教育令改正
	1881	5月 小学校教則綱領，7月 中学校教則大綱，8月 師範学校教則大綱，教科書開申制度
	1883	『改正教授術』（若林虎三郎，白井毅）→開発教授，『数学三千題』（尾関正求），教科書認可制度
	1885	教育令再改正，内閣制度創設
学校令期（1）	1886	3月 帝国大学令公布，4月 学校令（小学校令・中学校令・師範学校令）公布 5月 小学校ノ学科及其程度公布，（教科書検定制度）教科用図書検定条例
	1887	（教科書検定制度）教科用図書検定規則
	1888	『中等教育算術教科書』（寺尾寿・東京帝国大学，理論算術提唱）
	1889	大日本帝国憲法公布
	1890	第1回帝国議会開会，第二次小学校令公布
	1891	11月 小学校教則大綱公布
	1895	『算術条目及教授法』（藤沢利喜太郎・東京帝国大学）
	1897	帝国大学を東京帝国大学に改称し京都帝国大学設置，師範教育令公布
学校令期（2）	1900	第三次小学校令，小学校令施行規則 公布，『数学教授法講義筆記』（藤沢利喜太郎）
	1901	6月 菊池大麓文部大臣就任（第1次桂内閣）
	1902	英国学術協会年次大会 講義「数学の教育」（ジョン・ペリー）→数学教育改造運動 3月 高等師範学校を東京高等師範学校と改称。広島高等師範学校設置 教科書疑獄事件。（小学校 就学率90%超）
	1903	第三次小学校令 一部改正（国定教科書制度成立）
	1905	第1期国定教科書『尋常小学算術書』（黒表紙教科書）
	1907	第三次小学校令 一部改正（高等小学校1,2年を尋常小学校5,6年とし，義務教育を6年間に延長）
	1910	第2期国定教科書『尋常小学算術書』（黒表紙教科書）第一次修正
	1913	小学校令 改正（教員免許状を府県授与に全国一本化）
	1918	第3期国定教科書『尋常小学算術書』（黒表紙教科書）第二次修正
	1919	日本中等教育数学会 設立
	1924	『数学教育の根本問題』（小倉金之助），『初等数学教育の根本的考察』（佐藤良一郎）
	1925	第3期国定教科書『尋常小学算術書』（黒表紙教科書）改訂
学校令期（3）	1935	第4期国定教科書『尋常小学算術』（緑表紙教科書，1940年完成）出版
	1937	12月 教育審議会設置（－1942年5月）
	1941	国民学校令（3月1日）・国民学校令施行規則（3月14日）公布，太平洋戦争
	1942	第5期国定教科書 国民学校理数科算用教科書『カズノホン』『初等科算数』（水色表紙教科書）出版（－1944年）
	1943	3月8日 師範教育令全部改正 公布（4月1日施行）
	1944	日本中等教育数学会が日本数学教育会に改称

時代	西暦	出　来　事
経験主義・生活単元学習	1946	アメリカ第一次教育使節団来日（第二次は 1950 年），日本国憲法公布
	1947	教育基本法・学校教育法 制定（3 月），学校教育法施行規則
		学習指導要領 一般編，学習指導要領算数・数学科編（試案），第 6 期 国定教科書
	1948	算数数学科指導内容一覧表（算数数学科学習指導要領改訂）
	1949	検定教科書使用開始
	1951	学習指導要領 一般編（試案）改訂版，小学校学習指導要領 算数科編（試案）改訂版
		中学校・高等学校学習指導要領 数学科編（試案），サンフランシスコ講和条約締結
	1955	高等学校学習指導要領 改訂告示（1956 年実施）
系統学習	1956	全国学力調査（1961−1964 悉皆調査），国際連合加盟
	1958	小学校学習指導要領 告示（全面実施 1961 年）
		中学校（告示 1958 年，実施 1962 年），高等学校（告示 1960 年，実施 1963 年）
	1962	義務教育諸学校の教科用図書の無償に関する法律 制定
	1963	義務教育諸学校の教科用図書の無償措置に関する法律 制定
数学教育の現代化	1957	10 月 4 日 ソ連による人類初の人工衛星 スプートニク 1 号 打ち上げ成功
	1959	全米科学アカデミーによるウッズホール会議 開催
	1961	『教育の過程』（ブルーナー・発見学習）
	1968	小学校学習指導要領 告示（全面実施 1971 年）
		中学校（告示 1969 年，実施 1972 年），高等学校（告示 1970 年，実施 1973 年）
基礎・基本 ゆとり	1976	教育課程審議会「小学校，中学校及び高等学校の教育課程の改善について」答申
	1977	小学校学習指導要領 告示（全面実施 1980 年）
		中学校（告示 1977 年，実施 1981 年），高等学校（告示 1978 年，実施 1982 年）
新学力観	1987	教育課程審議会答申「幼稚園，小学校，中学校及び高等学校の教育課程の基準の改善について」
	1988	法定研修 初任者研修制度 創設（教育公務員特例法一部改正）
		教育職員免許法の改正により免許状が専修・一種・二種となる
	1989	小学校学習指導要領 告示（全面実施 1992 年）
		中学校（告示 1989 年，実施 1993 年），高等学校（告示 1989 年，実施 1994 年）
	1992	学校週 5 日制 月 1 回（第 2 土曜日）（1995 年 2 回／月（第 2, 4 土曜日））
生きる力	1996	「21 世紀を展望した我が国の教育の在り方について」中央教育審議会 第一次答申
	1997	議員立法による小・中学校免許状の特例法で介護など体験が必要となる
	1998	小学校学習指導要領 告示（全面実施 2002 年，一部改正 2003 年）
		中学校（告示 1998 年，実施 2002 年，一部改正 2003 年）
		高等学校（告示 1999 年，実施 2003 年，一部改正 2006 年）
	2001	文部科学省設置（旧文部省と旧科学技術庁との統合）
	2002	「確かな学力の向上のための 2002 アピール「学びのすすめ」」（文部科学省）
		学校週 5 日制（完全実施 2006 年）
	2003	初等中等教育における当面の教育課程及び指導の充実・改善方策について（中央教育審議会答申）
		小学校学習指導要領一部改訂（「はどめ規定」削除，学習指導要領は最低限の学習内容）
脱ゆとり と 生きる力のはぐくみ	2006	教育基本法改正
	2007	学校教育法改正（学力の 3 要素），全国学力・学習状況調査実施，
		教育職員免許法改正公布（教員免許更新制，2009 年施行）
	2008	小学校学習指導要領 告示（先行実施 2009 年，全面実施 2011 年）
		中学校（告示 2008 年，先行実施 2010 年，全面実施 2011 年）
		高等学校（告示 2009 年，実施 2013 年（年次進行））
	2015	学習指導要領一部改正（道徳を教科とする）

※「出来事」を各「時代」毎でまとめたため，西暦順が一部前後している。

第3章
学力調査と評価

本章では，算数科に関わる「学力調査」と「評価」について述べる。第1節では，国際的な学力調査，第2節では日本国内の学力調査を紹介する。第3節では，評価の種類や，そのあり方について言及する。

3.1 国際的な学力調査

第1節では，算数科に関わりのある国際的な学力調査として，TIMSS（Trends in International Mathematics and Science Study）と PISA（Programme for International Student Assessment）について触れていく。

3.1.1 TIMSS

(1) TIMSS の調査概要

TIMSS は，国際教育到達度評価学会（IEA; International Association for the Evaluation of Educational Achievement）が実施している国際的な学力調査である。日本では，国際数学・理科教育動向調査と訳され，名前のとおり，数学科（および算数科）と理科に関する調査が行われる。調査の目的は，「初等中等教育段階における児童生徒の算数・数学及び理科の教育到達度（educational achievement）を国際的な尺度によって測定し，児童生徒の学習環境条件等の諸要因との関係を，参加国／地域間におけるそれらの違いを利用して組織的に研究すること」で，1995 年から 4 年ごとに実施されている（国立教育政策研究所

2021a）。なお，TIMSS は，1995 年に行われた調査を「TIMSS1995」というように，各年に実施された調査を「TIMSS 西暦」で呼ぶことが一般的であるため，以下でもこの書き方を用いることとする。

　調査対象は，学校教育 4 年目の学年の児童（平均年齢 9.5 歳以上）と，学校教育 8 年目の学年の生徒（平均年齢 13.5 歳以上）の 2 つの学年の児童・生徒である。日本では，小学校第 4 学年，中学校第 2 学年の児童・生徒が該当する（以下，調査対象の学年を，小学校第 4 学年，中学校第 2 学年と記す）。調査は，各国，抽出調査で実施され，対象者の抽出にあたっては，できる限りその国の児童・生徒の状況が形容されるよう考慮がなされている。たとえば，公立校，国立・私立校，また，政令指定都市，中核市，町村部などについて，その比率が考えられ抽出が行われている。TIMSS2019 において，日本では，小学校第 4 学年の児童が 147 校から約 4,200 人，中学校第 2 学年の生徒が 142 校から約 4,400 人参加した。

　参加国は，開始当初よりも増加しており，算数科の調査では，TIMSS1995 が 26 の国／地域の参加であったが，TIMSS2019 には 58 の国／地域に増えている。調査の方式は，従来，筆記型が採用されてきたが，TIMSS2019 で筆記型とコンピュータ使用型（以下，CBT（Computer-based Testing））から選択する方式となり，今後は CBT へ全面移行される予定である。

　TIMSS では，内容の異なる複数の問題セット（問題用紙）が用意され，参加者に割り当てられるため，全員が同じ問題に取り組んではいない。ただし，問題セット間には同じ（重複した）問題が含まれていて，それを基準に，異なる問題であっても分析が可能となっている。この方法は，重複テスト分冊法と呼ばれ，限られた調査対象と時間で，より多くの問題を調査できる利点がある。分析にあたっては，項目反応理論というテスト理論が用いられ，異なる問題セットを解答していても，同一の評価軸で評価することを可能にしている。また，異なる年の調査結果を比較するために，複数年の調査に同一の問題を含めている。分析には，項目反応理論が用いられる。なお，複数年用いられる問題は公表ができないため，TIMSS で公表される問題は一部にとどめられている。

(2) TIMSS で調査される内容

　小学校第 4 学年には算数科と理科，中学校第 2 学年には数学科と理科に関する

調査問題が出題されるが，以下では，算数科・数学科の内容を中心に述べていくこととする。

　TIMSS2019 の算数科・数学科の問題は，「内容領域」と「認知的領域」の枠組みで作成されている（Boston College 2017）。「内容領域」とは，各問題の内容が，学校で学ぶ当該教科のどのような領域に関係するのかを示すもので，下記のように算数科は 3 領域，数学科は 4 領域の下位領域が設定されている。

　算数科：「数」「測定と図形」「資料の表現」
　数学科：「数」「代数」「図形」「資料と確からしさ」

　「認知的領域」とは，各問題に取り組む際に期待される行動，すなわち，必要とされる力がどのようなものかを示している。算数科・数学科ともに，下位領域として，下記の 3 領域が設定されている。

　「知ること (knowing)」（以下，「知識」）
　「応用すること (applying)」（以下，「応用」）
　「推論を行うこと (reasoning)」（以下，「推論」）

　TIMSS2019 の問題は全て，「内容領域」，「認知的領域」それぞれについて，いずれかの下位領域に分類がなされる。

　TIMSS の出題形式は，選択肢式と記述式に分けられている。選択肢式は，基本的には 4 択である。記述式は，数式や考え方を書くような問題以外にも，数値のみを答えたり，表やグラフを完成させたりするものも含まれている。

　図 3.1 は，公開されている TIMSS における算数科の調査問題例を示したものである。図 3.1 上図は，折れ線グラフの数値を読み取る問題である。「内容領域」が「資料の表現」，「認知的領域」が「知識」に分類される。出題形式は，記述式である。問題の難易度は，4 段階中（易しい，やや易しい，やや難しい，難しい）2 段階目の「やや易しい」とされている。日本の正答率は，95%（国際平均値は 68%）であった。

　図 3.1 下図は，加法と乗法を用いた文章問題の立式を考えさせる問題である。選択肢に提示された式には，全て括弧を用いた部分があり，この点の正しい読み

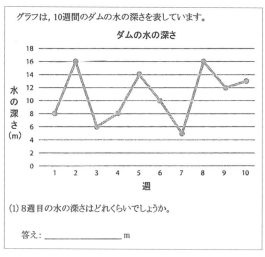

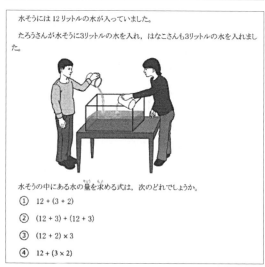

（出典：国立教育政策研究所（2021a），pp.82 － 83）

図 3.1　TIMSS における算数科の調査問題例

取りも必要となる。「内容領域」が「数」，「認知的領域」が「応用」に分類される。出題形式は，選択肢式である。問題の難易度は，4段階中3段階目の「やや難しい」とされている。日本の正答率は，79%（国際平均値は53%）であった。

　TIMSS の算数科の調査問題は，図 3.1 以外には，分数の文章問題，等式が成立するように適切な記号（＋，－，×，÷）を選択する問題，長さを求める問題，

適切なグラフを選択する問題，棒グラフの縦軸の数値を書き込んで完成させる問題などがある。全体的に，算数科という教科としての内容に直接的につながっており，問題の要素としては，日本の教科書や問題集でも扱うようなものに近い。算数科で学んだ知識がどれぐらい定着しているのかを，教科の枠で捉えることが想定されているといえよう。なお，数学科の調査問題は，方程式に関する問題，図形の角度を求める問題，図形の辺の長さを求める問題，適切なグラフを選ぶ問題などがあり，算数科と同様に，教科の枠で知識の定着度合いを調査する問題となっている。

TIMSSでは児童・生徒に対して，算数科・数学科，理科の調査問題に加え，質問紙調査も行われる。質問紙調査では，児童・生徒の家庭に関すること（例：家庭の蔵書数，保護者が日本で生まれたか），学校に関すること（例：学校にいるのが好きか，学校で他の児童に仲間はずれにされた頻度），算数科・数学科，理科それぞれの教科に対する意識や学校での授業の様子（例：算数科の勉強は楽しいか，先生は算数科の説明がうまいか）などが尋ねられる。

(3) TIMSS の結果

表3.1は，これまでのTIMSSの算数科における上位10カ国／地域（以下，国）とその得点を表したものである（TIMSS1999では算数科の調査は実施されていない）。日本は，網掛けをして記した。参加国数は回を経るごとに増加する傾向にあるが，シンガポール，香港，韓国，台湾，日本の東アジア中心のアジア圏の国が上位5カ国以内を占め，順位を維持している。

日本の順位を見ると，TIMSS1995からTIMSS2011にかけて低下し，その後5位にとどまっている。しかし，得点を見てみると，TIMSS2019（TIMSS2015も同得点）は，TIMSS1995からTIMSS2011の各年の得点よりも，統計的に有意に高くなっており，成績の向上が見られる（国立教育政策研究所 2021a）。TIMSSの結果が公開されると，自国の順位が注目されがちであるが，順位は相対的な位置づけであることに留意しながら，得点の経年変化など複数の指標で考察する視点が重要である。

表 3.1　TIMSS の上位 10 カ国／地域と得点

TIMSS1995※ (26カ国/地域)		TIMSS2003 (25カ国/地域)		TIMSS 2007 (36カ国/地域)		TIMSS2011 (50カ国/地域)		TIMSS2015 (49カ国/地域)		TIMSS2019 (58カ国/地域)	
シンガポール	590	シンガポール	594	香港	607	シンガポール	606	シンガポール	618	シンガポール	625
日本	567	香港	575	シンガポール	599	韓国	605	香港	615	香港	602
香港	557	日本	565	台湾	576	香港	602	韓国	608	韓国	600
オランダ	549	台湾	564	日本	568	台湾	591	台湾	597	台湾	599
ハンガリー	521	ベルギー	551	カザフスタン	549	日本	585	日本	593	日本	593
アメリカ	518	オランダ	540	ロシア	544	北アイルランド	562	北アイルランド	570	ロシア	567
ラトビア	499	ラトビア	536	イングランド	541	ベルギー	549	ロシア	564	北アイルランド	566
オーストラリア	495	リトアニア	534	ラトビア	537	フィンランド	545	ノルウェー	549	イングランド	556
スコットランド	493	ロシア	532	オランダ	535	イングランド	542	アイルランド	547	アイルランド	548
イングランド	484	イングランド	531	リトアニア	530	ロシア	542	イングランド	546	ラトビア	546

※ TIMSS1995 は，小学校第 3 学年と第 4 学年が参加したが，比較のため小学校第 4 学年のみの結果を取り上げる
（国立教育政策研究所（2021b）をもとに筆者作成）

3.1.2　PISA

(1) PISA の調査概要

　PISA は，経済協力開発機構（OECD; Organization for Economic Cooperation and Development）が実施している国際的な学力調査である。日本では，生徒の学習到達度調査と訳されている。算数科・数学科，理科といったような教科名ではなく，読解力，数学的リテラシー，科学的リテラシーの 3 分野が設定され，調査がなされている。

　調査の主たる目的は，「将来生活していく上で必要とされる知識や技能が，義務教育修了段階において，どの程度身に付いているかを測定する」ことであり，「知識や経験をもとに，自らの将来の生活に関係する課題を積極的に考え，知識や技能を活用する能力があるかを見る」ものである（国立教育政策研究所 2019）。2000 年から 3 年ごとに実施されている（2021 年に予定されていた調査は，新型コロナウイルス感染症の影響により，2022 年に延期された）。なお，TIMSS と同様，PISA についても，各年に実施された調査を「PISA2018」のように，「PISA西暦」で呼ぶことが一般的であるため，以下でもこの書き方を用いることとする。

　調査対象は，15 歳の生徒（15 歳 3 カ月以上，16 歳 2 カ月以下で，第 7 学年以上の学年に在学している生徒）である。これは，多くの国で義務教育終了段階と

なる年齢に該当することによる。日本では，年齢と学年がほぼ対応しているため，PISA には，高等学校（中等教育学校後期課程，高等専門学校なども含む）第1学年の生徒が参加している。調査は，各国，抽出調査で実施され，日本の場合，公立校，国立・私立校や，普通科，専門学科などについて，実際の生徒人数に応じて抽出が行われている。PISA2018 において，日本では，183 校から約 6,100人が参加した。

参加国は，開始当初よりも増加しており，数学的リテラシーの調査では，PISA2000 が 32 の国／地域の参加であったが，PISA2018 には 78 の国／地域になり，2.5 倍近くに増えている。調査の方式は，従来，筆記型が採用されてきたが，PISA2015 からは CBT に移行されている。

PISA でも，TIMSS と同様に，重複テスト分冊法が用いられ，全員が同じ問題に取り組んではいない。分析には，項目反応理論が用いられる。異なる年の調査結果を比較するために，複数年の調査に同一の問題を含めているため，PISAにおいても，公表される問題は一部にとどめられている。

(2) PISA で調査される内容

基本的に，読解力，数学的リテラシー，科学的リテラシーの3分野が設定されている。ただし，毎調査，全ての分野について同じ時間をかけて調査されるわけではない。読解力，数学的リテラシー，科学的リテラシーの順で，毎回，1分野が重点的に調査される「中心分野」となり，他の分野より時間をかけて調査・分析がなされる。

ここからは，数学的リテラシーの問題を中心に触れていくこととする。PISAにおける数学的リテラシーは，2012 年以降，「様々な文脈の中で数学的に定式化し，数学を活用し，解釈する個人の能力」と定義されており，数学的リテラシーの問題には，「数学的なプロセス」「数学的な内容知識」「文脈」の3つのカテゴリーの枠組みがある（国立教育政策研究所 2019）。「数学的なプロセス」は，問題の解決にどのような力が必要とされるかを，「数学的な内容知識」は，数学科のどのような領域の知識を必要とするかを，「文脈」は，問題の内容がどのような種類の文脈におけるものかを示しており，それぞれには下記のような領域が設定されている。

数学的なプロセス：「定式化」「活用」「解釈」

数学的な内容知識：「変化と関係」「空間と形」「量」「不確実性とデータ」

文脈 ：「個人的」「職業的」「社会的」「科学的」

　数学的リテラシーの問題は全て，3つのカテゴリーそれぞれについて，1つの領域に分類される。

　PISAの出題形式は，選択肢形式（選択肢を1回選択），複合的選択肢形式（複数の項目に対して選択肢を連続して選択），求答形式（答えが問題に含まれる），短答形式（計算が必要），自由記述形式（求め方，考え方を説明）がある（国立教育政策研究所 2013）。答えが1つに限られていない問題もあり，この点がPISAの特徴でもある。

　図3.2は，数学的リテラシーが中心分野となったPISA2012で出題され，公開されている問題例である。回転ドアの情報をもとに，空気の流れを防ぐことができる開口部分の円弧の長さを求める問題である。「数学的なプロセス」が「定式化」，「数学的な内容知識」が「空間と形」，「文脈」が「科学的」に分類される。出題形式は，自由記述である。問題の難易度は，7段階中（レベル1未満，レベル1〜レベル5，レベル6以上）一番難しい「レベル6以上」とされている。正答は，103cmから105cmまでの範囲が設定されている。日本の正答率は，8%（OECD平均値は4%）であった。

　PISAの数学的リテラシーの調査問題は，図3.2以外には，音楽CDの売り上げのグラフに関する問題，船の燃料に関する問題，点滴の滴下速度に関する問題などがある。従来の日本の教科書や問題集でよく扱われてきたような教科の枠組みを超えて，学校の算数科・数学科で学んだ知識をいかに活用できるか，現実事象の課題にいかに適用できるかを調査するものといえる。

　出題にあたっては，これからの社会に必要とされる能力が継続的に議論されており，そうした要素が，調査問題に反映されるのもPISAの特徴である。たとえば，数学的リテラシーにおいて，PISA2022では，デジタル技術の概念的な背景として機能する論理的，問題解決的なアプローチである「コンピューテーショナル・シンキング（Computational Thinking）」に関する調査問題を含めることが発表

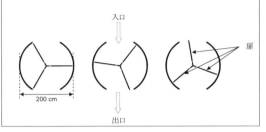

<figcaption>（出典：国立教育政策研究所(2013), p.150, p.152)</figcaption>

図 3.2　PISA における数学的リテラシーの問題例

されている（OECD 2019）。プログラミング技術やその知識を調査しようとするものではなく，コンピュータサイエンスのあらゆる分野につながる論理的な考え方の到達度を調べようとするものである。図3.3は，「コンピューテーショナル・シンキング」に関する問題例として公表されているもので，2種類のタイルを用いて模様を作成する際の規則性を説明する内容が扱われている。プログラミングの知識は特に必要とされず，プログラミングで使われるような形式で，順序立てて説明することを考えさせる問題となっている。

　PISA では，生徒に対して，読解力，数学的リテラシー，科学的リテラシーの調査問題に加え，質問紙調査も行われる。質問紙調査では，家庭に関すること(例:勉強机や自分の部屋があるか，家庭の蔵書数，保護者の学歴・職業)，学校や学

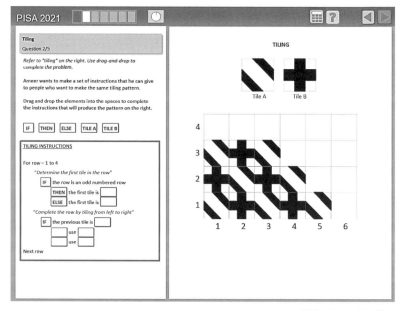

（出典：OECD（2019））

図 3.3　コンピューテーショナル・シンキングに関する問題例

習時間に関すること（例：学校ではすぐに友達ができるか，仲間はずれにされた頻度，1週間の授業時間数），ICTの活用に関すること（例：自宅や学校で利用できる機器，インターネットを初めて利用した年齢，学校内外で利用するデジタル機器の種類・目的・利用時間），その年に中心分野となった調査に関わる教科に関すること（例：先生は生徒が分かるまで何度でも教えてくれるか，先生は時間をかけて考えさせる問題を出すか）などが尋ねられる。

(3) PISAの結果

表 3.2 は，数学的リテラシーが初めて中心分野となった PISA2003 から PISA2018 における，数学的リテラシーの上位10カ国とその平均得点を表したものである。日本は，網掛けをして記した。参加国数は増加しているが，上位には，中国本土内の諸地域（北京・上海・江蘇・広東・浙江），シンガポール，マカオ，香港，台湾，日本，韓国といった東アジアを中心とするアジア圏の国が多く入っており，継続して上位を占める傾向にある（中国本土やシンガポールは

表 3.2　PISA の上位 10 カ国／地域と得点

PISA2003 (40カ国/地域)		PISA2006 (57カ国/地域)		PISA2009 (65カ国/地域)		PISA2012 (65カ国/地域)		PISA2015 (70カ国/地域)		PISA2018 (78カ国/地域)	
香港	550	台湾	549	上海	600	上海	613	シンガポール	564	北京・上海・江蘇・浙江	591
フィンランド	544	フィンランド	548	シンガポール	562	シンガポール	573	香港	548	シンガポール	569
韓国	542	香港	547	香港	555	香港	561	マカオ	544	マカオ	558
オランダ	538	韓国	547	韓国	546	台湾	560	台湾	542	香港	551
リヒテンシュタイン	536	オランダ	531	台湾	543	韓国	554	日本	532	台湾	531
日本	534	スイス	530	フィンランド	541	マカオ	538	北京・上海・江蘇・広東	531	日本	527
カナダ	532	カナダ	527	リヒテンシュタイン	536	日本	536	韓国	524	韓国	526
ベルギー	529	マカオ	525	スイス	534	リヒテンシュタイン	535	スイス	521	エストニア	523
マカオ	527	リヒテンシュタイン	525	日本	529	スイス	531	エストニア	520	オランダ	519
スイス	527	日本	523	カナダ	527	オランダ	523	カナダ	516	ポーランド	516

（国立教育政策研究所（2019）をもとに作成）

PISA2009 から参加）（岡本，御園 2022）。東アジアを中心とするアジア圏の国が上位に名を連ねているのは，TIMSS の結果と類似している。

中央集権的な教育行政や受験教育などに特徴づけられる「東アジア型教育」の各国が上位に位置する中で，上位（PISA2003，PISA2006 では 2 位）に入り，2000 年代頃に特に注目されたのが，北欧のフィンランドである。東アジア圏の国々とは異なる特徴を持つ国が好成績を収めたことで，フィンランドには世界各国から研究者が視察に訪れるようになり，日本でもフィンランドの教育についての研究が盛んに行われるようになった（志水，山本 2012）。一方で，PISA の調査結果が芳しくないことにより，その国にもたらされた衝撃は「PISA ショック」と呼ばれ，その国の教育政策を左右することもある。PISA は世界各国に，強い影響力を持つ調査といえる。

日本の結果を見ると，6 位から 10 位に順位を落とし，その後，少しずつ順位を上げ，5 位・6 位を維持している。しかし，得点を見てみると，PISA2018 は PISA2003 以降のいずれの年との間にも，得点に有意な差はないことが報告されている（国立教育政策研究所 2019）。TIMSS と同じく，順位は相対的な位置づけであることに留意し，複数の指標で考察する視点が重要である。

3.2　日本国内の学力調査

第 2 節では，日本国内における算数科に関する学力調査として，全国学力・学習状況調査（以下，全国学力調査）について述べていく。

3.2.1 全国学力調査とは

(1) 全国学力調査の概要

　全国学力調査は，文部科学省が2007年度から原則，毎年実施している学力調査である（2011年度は東日本大震災，2020年度は新型コロナウイルス感染症により中止）。主として毎年実施されている調査教科は，算数科・数学科と国語科である。

　調査目的は，次の3点とされている（文部科学省2022）。

> 1）義務教育の機会均等とその水準の維持向上の観点から，全国的な児童生徒の学力や学習状況を把握・分析し，教育施策の成果と課題を検証し，その改善を図る。
> 2）学校における児童生徒への教育指導の充実や学習状況の改善等に役立てる。
> 3）そのような取組を通じて，教育に関する継続的な検証改善サイクルを確立する。

　調査対象は，小学校第6学年，中学校第3学年の児童・生徒であり，基本的には，国公立校の児童・生徒は全員参加する悉皆調査で行われてきている（2010年度・2012年度は抽出及び希望利用方式，2013年度はきめ細かい調査）。国内における悉皆調査の実施には，賛否両論があったが，大学生の学力が低下していることへの懸念や，PISA2003での順位の低迷（特に読解力）などを発端とする学力低下論争の高まりが，調査開始の大きなきっかけとなった。

(2) 全国学力調査の算数科の内容

　算数科の調査問題は，2018年度までは，「主として『知識』に関する問題A」と，「主として『活用』に関する問題B」の2種類が設定され，別々に実施されてきた。問題Aは，計算問題や従来扱われてきたような文章問題など，知識を問うような問題が中心であった。一方，問題Bは，PISAの調査問題を意識したと考えられ，現実事象を扱った活用力を問うような問題が中心となっていた。ただし，問題Aを通じて学力の底上げが図られたことや，問題Bを通じて授業改善の取り

組みが学校現場に広がったこと，問題 A と B の区分が絶対的なものでなくなりつつあることを背景に，2019 年度以降はそうした区分をしないことになり，これまでの問題 A と問題 B の両方の要素が含まれた 1 つの調査となっている（文部科学省 2017）。この調査問題は，2017 年告示の学習指導要領で示されている 3 つの柱「知識及び技能」「思考力，判断力，表現力等」「学びに向かう力，人間性等」の資質・能力は相互に関係し合いながら育成されるという考えを踏まえたものとなっている。

　図 3.4 は，2021 年度の全国学力調査で出題された問題である。子どもの発言を踏まえて質問がなされる形式となっており，これは全国学力調査で比較的よく見られる形式である。算数科の内容としては，1 未満の小数倍となる関係を，線分図を用いて考えるものとなっている。通常の教科書で扱われる問題よりも長文の内容を読み解き，問題に取り組まなくてはならない。また，解答も数値のみを答えるのではなく，言葉や数を使って答えることを求められている。本問題は，

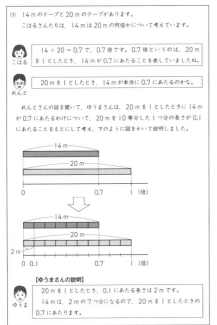

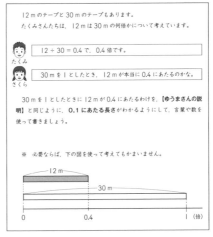

（出典：国立教育政策研究所（2021c））

図 3.4　全国学力調査の問題例

以前の算数 B の問題といえる。正答率は，51.6％ であった。

　なお，全国学力調査では，児童・生徒に対し，教科の調査に加えて，生活習慣
や学習習慣についての質問紙調査も行われている。

3.2.2　全国学力調査の検討課題

(1) 結果の公表とその影響

　全国学力調査では，都道府県ごとの結果が毎年公表され，新聞やニュースなど
でもその結果が報道される。特に，上位の都道府県は注目され，その教育に関心
が寄せられる。成績の芳しくなかった都道府県は，その順位について，自治体
の首長が言及を行う場合もあり，そうした様子が報道されることもある。また，
2014 年度の調査からは，文部科学省が制度を変更し，一定の条件のもと，市町
村単位だけでなく，学校ごとの成績を公表することも可能となっている。こうし
た中，成績の上位，下位にかかわらず，順位やその変化を気にかけている自治
体は少なくない。教育委員会に全国学力調査に関する部署が設けられたり，調
査への対策が行われたりしている現状がある。実際，小学校の 53.4％ で過去問
に取り組むなどの事前対策が行われているとの調査結果もある（日本教職員組合
2019）。全国学力調査の趣旨の 1 つは「全国的な児童生徒の学力や学習状況を把握」
することであり，対策を行い，競争により結果（得点や順位）を向上させること
ではない。

　また，都道府県によって，置かれている状況はそれぞれである。経済状況を含
む社会的な背景が学力に影響を与えることを踏まえると，各自治体の状況を無視
して単純な順位だけを議論することは，現場に疲弊をもたらしかねない。実際，
高知県土佐町議会では，「テスト漬け状態の子どもや疲弊する教員への影響を懸
念」し，全国学力調査を抽出式に改めることを求める『全国学力調査に関する意
見書』が採択されるなど，全国学力調査の結果に左右される現場についての声が
少しずつあがり始めている（高知新聞 2019）。

(2) 両立の難しい 2 つの目的

　全国学力調査は，①「全国的な児童生徒の学力や学習状況を把握」することと，
②「学校における児童生徒への教育指導の充実や学習状況の改善」を図ることの

両方が目的に含まれている点に問題があることが指摘されている（川口 2020）。本来，この2つは遂行方法として相反する部分があり，両立は困難であるという指摘である。具体的に，前者（①）の目的は，状況を把握することであるため，よりよい成績を目指すための不正などが起こりやすい悉皆調査ではなく，抽出調査の方が望ましい。悉皆調査を行うと（特に，結果の公開がなされると），たとえば，上述のような事前対策が行われてしまい，本来ある「現状」が把握できなくなる。また，現在は全員が同じ問題に解答しているが，TIMSS や PISA のように，共通問題を除いて全員が同じ調査問題とならない重複テスト分冊法を用いれば，より広範囲の問題を調査できる。状況を把握するためには経年調査による分析も重要であり，この観点からは，TIMSS や PISA のように，複数年で共通する問題を定め，それらを公開しないことが求められる（現在の全国学力調査では，毎年，全問が公開されている）（裵岩他 2019）。結果の公開については，必ずしも早急さは求められない。

一方で，後者（②）の目的は，現場での教育指導に生かすことであるため，全国規模の悉皆調査ではなく，担当するクラスや学年など，小さな単位で全員が参加し，その状況を調査すればよい。また，対象となる児童・生徒個々の到達度の情報が重要となるため，全員が同じ問題に取り組む必要がある。調査結果を現場での教育指導に反映させるためには，全調査問題の公開も望まれる。さらに，結果を指導に生かすためには，できるだけ早急に結果を知ることが重要となる（現在，全国学力調査は，採点や分析に時間がかかるため，結果のフィードバックには数カ月を要している）。

このように，目的①，②の双方において全国規模の悉皆調査は求められていないという共通点があるが，その他の点は，目的①と②では望まれる実施方法について，相容れない部分があることが分かる。調査の目的・位置付け，その方法に困難さを含んでいるといえる。

調査の開始から15年が経つ今，これまでの方法を振り返り，現状と照らし合わせながら，その実施方法やあり方を，教育に関わる多くの人が考えていくことが必要となろう。

3.3 評価

第3節では，評価のあり方や，現行の学習指導要領における評価について述べていく。

3.3.1 評価のあり方とブルームの3つの評価

(1) 評価のあり方

学校教育における評価と聞くと，児童・生徒の立場であれば，教師によって行われるランク付けといったような消極的なイメージを持つことも少なくないであろう。しかし，評価とは，決して，学習者をランク付けするような活動ではない。また，中間テストや期末テストなどの，筆記テストをするだけのものでもない。学習者の現状を把握すること，目的を持った指導や学習の結果・成果を捉えて教師が指導の改善のための材料とすること，学習者にフィードバックを行うことで次の学習に生かしてもらうことなどが評価の重要な視点である。

この点を踏まえ，以下では，ブルームが提唱した「診断的評価」「形成的評価」「総括的評価」の3つについて述べる（田中 2021）。この3つの評価は，評価を行うタイミングとその目的に違いがある。それぞれ，指導にあたって，どの段階で，何が重要か，どのような取り組みが必要かなどの示唆を与えてくれるものである。自身に足りない視点を取り込みながら，より充実した授業と児童・生徒の学習のために，評価を考え，実践することが望まれる。なお，実際の評価にあたっては，それぞれの評価活動が成績に含まれるかどうか（例：準備テストは成績に入れない）を事前に明確にし，児童・生徒と共有しておくことが不可欠である。

(2) 診断的評価

単元の開始前など，指導をスタートさせる前に，学習者が身に付けている考え方や，既習内容の定着具合などを把握するために行われる評価である。認識調査，事前テストやプレースメントテストなどが該当する。指導の計画を立てるために実施される評価といえる。

算数科の場合，たとえば，重さの単元の前に「体重計に2人が立って重さを計測するときと，1人がもう1人を背負って重さを計測するときでは重さが変わ

るか」というような学習者の認識を調べる調査や，小数÷小数の筆算の学習の前に「整数÷整数，小数÷整数の筆算ができるか」を調べる準備テストなどがある。こうした結果をもとに，単元導入前にどのような復習が必要か，どのように単元に入っていくべきか，どのような単元計画にするのか，留意点は何かなどを考えることができる。

(3) 形成的評価

授業中，単元途中などの指導過程において，学習者がどのぐらい理解しているのか，どのような点につまずきを持っているのかなどを把握するために行われる評価である。手法は多様で，学習者の見取り，ノート確認，簡単な確認テスト，振り返りシートなどがある。プロセスの途中段階において，学習者の状況を把握するために行われる評価といえる。

算数科の場合，たとえば，「小数÷小数の計算」から「小数÷小数の文章問題」に入る前に，どのようなところで間違いが多いのか，どのような誤答をしているのかを把握するために，ノートを確認したり，簡単な確認テストを行うなどの方法がある。こうした結果をもとに，今後の指導や学習に向け，説明を補ったり，授業計画の軌道修正をしたりすることが可能になる。

(4) 総括的評価

単元終了時，学期末など，一定のプロセスの最後に，学習者が目標をどの程度達成できたか，どのような点に課題が残ったのかなどを把握するために行われる評価である。単元末テストや期末テストなどが該当する。学習者にフィードバックすることで，学習者が自身の到達度と今後の課題を知ることができるとともに，指導者はこの内容を自身の指導についての省察につなげることができる。

算数科の場合，たとえば，「小数のわり算」の単元末テストにおいて，商の小数点の位置を間違える誤答をしていることが学習者にフィードバックされれば，学習者はそこを復習することができる。また，クラス全体でそうした誤答が多ければ，指導者側のどのような点に説明の不十分さがあったのか，どのような取り組みをすればそのような誤答を減らせるのかを考える材料にできる。

3.3.2 学習指導要領における評価

(1) 評価の変更点

2017年に告示された学習指導要領では，学校教育によって育成すべき資質・能力として「知識及び技能」，「思考力，判断力，表現力等」，「学びに向かう力，人間性等」の3つの柱が示された。そして，この3つの柱に対応させる形で，学習評価の観点は，「知識・技能」「思考・判断・表現」「主体的に学習に取り組む態度」の3観点に整理された。これまで使用されてきた観点は，「関心・意欲・態度」「思考・判断・表現」「技能」「知識・理解」の4観点であり，新しい3観点とは表3.3のように対応しているといえる。

表3.3　学習評価の観点

従来の観点		新しい3つの観点
「知識・理解」「技能」	→	「知識・技能」
「思考・判断・表現」	→	「思考・判断・表現」
「関心・意欲・態度」	→	「主体的に学習に取り組む態度」

(田中 (2020) をもとに筆者作成)

大きな変更点の1つは，「関心・意欲・態度」から「関心・意欲」がなくなり，「主体的に学習に取り組む態度」に変更されたことである。この変更については，従来の観点も「関心をもつことのみならず，よりよく学ぼうとする意欲をもって学習に取り組む態度を評価するのが，その本来の趣旨」であり，すでに重視されてきた点を「主体的に学習に取り組む態度」として改めて強調したとされていることから，抜本的な内容の変化を求めたものではないと理解できる（中央教育審議会 2019）。また，変更に至った経緯として，「挙手の回数やノートの取り方など，性格や行動面の傾向が一時的に表出された場面を捉える評価であるような誤解が払拭し切れていないのではないか，という問題点が長年指摘され」てきたことに言及がなされている（中央教育審議会 2016）。挙手の回数やノートの取り方などの，児童の形式的な活動の評価とならないような留意が求められている。

(2) 評価対象と評価方法

新しい3観点の評価対象と評価方法については，中央教育審議会 (2019) の「児

童生徒の学習評価の在り方について（報告）」をもとに，表3.4のようにまとめることができる。

表3.4　3観点の評価対象と評価方法

	評価対象	評価方法
「知識・技能」	● 知識，技能の習得状況 ● 他の学習や生活の場面でも活用できる程度の概念等を理解しているか	ペーパーテスト，文章による説明，観察・実験，式やグラフの表現
「思考・判断・表現」	● 知識，技能を活用して課題を解決する等のために必要な思考力，判断力，表現力等を身に付けているか	ペーパーテスト，レポート，発表，話し合い，制作，ポートフォリオ
「主体的に学習に取り組む態度」	● 知識及び技能を獲得したり，思考力，判断力，表現力等を身に付けたりするために，自らの学習状況を把握しているか ● 学習の進め方について試行錯誤するなど自らの学習を調整しながら，学ぼうとしているか	ノート，レポート，発言，行動観察，児童の自己評価，相互評価 （※「知識・技能」や「思考・判断・表現」の観点の状況を踏まえた上で評価する）

　とりわけ，ここで触れておきたいことは，「思考・判断・表現」や「主体的に学習に取り組む態度」においては，ペーパーテストやノートだけでなく，レポートや話し合い，制作，ポートフォリオなどの評価方法が含まれている点である。ペーパーテストやそれに類する方法では測定できない力を，多様な方法を用いることによって評価することが求められており，これらには，パフォーマンス評価が含まれていると捉えられる。パフォーマンス評価とは，「評価しようとする能力や技能を実際に用いる活動の中で評価しようとする方法」である（鈴木2006）。学習した知識や技能を，現実的な課題の中でいかに活用できるか（パフォーマンス）を評価するもので，算数科の場合，「グラフの学習を生かし，実際に調査を行った結果をグラフに表現して発表する」，「比例の学習を生かし，現実場面から比例の関係を見出して分析する」などの活動の評価が考えられる。

　パフォーマンス評価は，ペーパーテストのように正誤が明確につけられないこ

とが多い。このことから，評価に難しさを感じることもあると思われるが，評価のためには，まず，パフォーマンス課題の目標を事前に明確に定めておくことが大切である。どのような力を育みたいかを考え，目標を設定した上で，活動内容を設定する必要がある。また，判断基準の段階を表したルーブリック（詳細は，「3.3.3(2) ルーブリックの設定」）を事前に設定しておくことも有用である。

3.3.3 評価の明確化

(1) 目標の明確化のための行為動詞

　目標と評価は表裏の関係にある。目標のない中で行われる評価は，目指すべき方向性が分からない中での漠然としたものになり，その場での教師の主観に委ねられるものになってしまいがちである。また，目標が曖昧な場合においても，教師はどのような点に留意しながら，どのように進めていくべきか不明瞭なまま指導することになり，児童はどのようなことに注力して何ができるようになるのかが分からないまま学びを続けることになる。教師と児童の双方に明確なビジョンがない指導・学びでは，評価に対して互いに納得できない部分が生じ，消化不良を起こしかねない。評価は，事前に設定した明確な目標のもとで行われるべきである。

　明確な目標を設定する際に有効となる方法の1つに，行為動詞の活用がある。行為動詞は，児童と教師の両者が判断可能な動詞のことで，これを目標に使用することで，目標をより明確化することができる（西之園 1986）。表3.5 は，算数科で活用できる行為動詞の種類を示したものである。基礎的な算数科の技能活動が中心となる「技能的行為動詞」，基礎的な活動を行いながらも自身の判断を交えた活動が中心となる「認知的行為動詞」，身に付けた知識を活用しながら問題解決を行う活動が中心となる「思考的行為動詞」，作製や発見などの活動が中心となる「創作的行為動詞」，他者との関わりが中心となる「社会的行為動詞」がある（岡本 2018）。具体的な動詞は，表3.5 に示したとおりであるが，あくまでも例であり，これに限定されるものではない。

　行為動詞の具体的な活用方法と，効果を考えていく。たとえば，行為動詞の考え方が用いられていない目標として，「小数の性質を，すすんで日常生活に活用

しようとする」が挙げられる。この目標は，どのような状況をもってして「すすんで日常生活に活用しようとした」と判断するのかが不明瞭である。児童の様子を見ていれば判断可能だという意見もあるかもしれないが，それでは，評価が，教師のその時々の主観に基づいて行われてしまう可能性がある。また，児童が，具体的に何を目指せばよいのか，何を評価されるのかが分からない状況では，教師が求めている行動を想像し，教師に評価してもらえるような行動をとってしまうことも危惧される。行為動詞の考えを用いると，たとえば「小数が使われている日常生活の場面を挙げ，小数を使うことによる利点を説明できる」と表すことができる。この目標であれば，教師が目指すべき方向と評価のポイントが明確になる。また，事前に児童と共有することで，児童は，何に取り組めばよいのか，何ができればよいのかが分かりやすくなり，教師の様子をうかがうことなく，学習に集中して取り組むことができる。

表3.5　算数科で活用できる行為動詞の種類

行 為 動 詞				
技能的	認知的	思考的	創作的	社会的
聞く	列挙する	立式する	計画する	聴く
読む	比較する	予測する	作成する	質問する
書く	対照する	推論する	作製する	受け入れる
合わせる	区別する	解釈する	応用する	賛同する
分ける	識別する	分析する	工夫する	批評する
組み立てる	区分する	関係づける	発見する	指摘する
敷き詰める	分類する	対応させる	定義する	評価する
操作する	配列する	適用する	一般化する	説明する
収集する	整理する	適合させる	公式化する	発表する
測定する	選別する	結論する		表現する
描く	選択する	決定する		交流する
作図する	弁別する	帰納する		協力する
数える	同定する	演繹する		
計算する	見積もる	要約する		
記録する	検算する			
求める	確かめる			
	活用する			

(出典：黒田（2008），p.18)

行為動詞は，行動目標に源流があり，行動の変化という学習観に立っているものである（梶田 1992）。したがって，態度に関わる目標やその場での変化を求めないような目標での活用には，批判的な意見もある（岡本 2018）。しかし，明確な目標は，充実した指導や学び，適切な評価につながる。学習活動の要素を浮かび上がらせながら，「何を」「今」できるようになることが必要になるのかを考え，より具体的な目標を考えていくことが重要となる。

(2) ルーブリックの設定

ルーブリックは，パフォーマンス評価などで活用される評価のための判断基準の段階を示したものである。事前にルーブリックを設定することで，明確な基準をもって評価に臨むことができるため，評価のぶれをおさえることができ，一貫性を保つとともに，客観性と公平性の高い評価につながる。また，事前に児童とルーブリックを共有することによって，教師が判断した評価と児童の自己評価に離齬が生じにくくなるため，評価の妥当性が高まる。各児童にとっては，自身の目指す道を設定しやすくなったり，高いレベルを目指そうという学習意欲の向上にもつながる（田中 2020）。さらに，教師にとっては，ルーブリックを考えること自体が，到達までの段階を想定する機会になり，よりよい授業や学習の設計につながる。

表3.6は，「現実場面から比例の関係を見いだして分析する」場面におけるルーブリックの例である。「A」が到達度として最も高く，比例関係を見いだして分析までできている段階，次の「B」が，比例関係を見いだすことまではできている段階，最後の「C」が，比例関係を見いだすことができていない段階とした。「A」には，「分析する」ことの具体的な活動例となるよう，「特徴を検討」「複数の比例関係を比較」との文言を入れている。「B」には，「その関係の説明にとどまって」

表3.6　ルーブリックの例

A	B	C
比例関係を見いだして，さらに，その特徴を検討したり，複数の比例関係を比較したりするなどの分析がなされている	比例の関係を見いだせているが，その関係の説明にとどまって，分析の視点がない	比例の関係を見いだせていない

と述べることで，説明だけでは分析に該当しないことを示している。このような記述を行うことで，教師自身が何を「分析」と想定しているのかを明確化できるとともに，児童に対して，活動する際の手がかりを示すことができる。ルーブリックの作成にあたっては，実際の児童の様子を考慮しつつ，具体性のある表記も交えておくと分かりやすくなる。

研究課題

1. TIMSS と PISA を比較し，特徴の違いについて述べなさい。
2. 全国学力調査について，これまでにどのような検討課題（問題点）があり，議論されてきたかを述べなさい。
3. 算数科における活動を 1 つ設定し，ルーブリックを作成しなさい。

引用・参考文献

Boston College (2017), TIMSS 2019 Assessment Frameworks（2022 年 7 月 25 日閲覧）
　　https://timss2019.org/frameworks/

中央教育審議会（2016）「幼稚園，小学校，中学校，高等学校及び特別支援学校の学習指導要領等の改善及び必要な方策等について（答申）」

中央教育審議会（2019）「児童生徒の学習評価の在り方について（報告）」

袰岩晶，篠原真子，篠原康正（2019）『PISA 調査の解剖』東信堂，東京

梶田叡一 (1992)『教育評価（第 2 版）』，有斐閣，東京

川口俊明（2020）『全国学力テストはなぜ失敗したのか 学力調査を科学する』岩波書店，東京

国立教育政策研究所（2013）『生きるための知識と技能 5 OECD 生徒の学習到達度調査（PISA）2012 年調査国際結果報告書』明石書店，東京

国立教育政策研究所 (2019)『生きるための知識と技能 7 OECD 生徒の学習到達度調査（PISA）2018 年調査国際結果報告書』明石書店，東京

国立教育政策研究所（2021a）『TIMSS2019 算数・数学教育／理科教育の国際比較 国際数学・理科教育動向調査の 2019 年調査報告書』，明石書店，東京

国立教育政策研究所（2021b）「国際数学・理科教育動向調査（TIMSS）の結果の推移等」，

2022 年 7 月 25 日閲覧

https://www.nier.go.jp/timss/2019/result.pdf

国立教育政策研究所（2021c）「令和 3 年度全国学力・学習状況調査の調査問題」，2022 年 7 月 25 日閲覧

https://www.nier.go.jp/21chousa/pdf/21mondai_shou_sansuu.pdf

高知新聞（2019）「『全国学力テストは抽出式で』意見書を可決　子ども・教員に負担」 2019 年 12 月 11 日，2022 年 7 月 25 日閲覧

https://www.kochinews.co.jp/article/detail/330798

黒田恭史（2008）『数学科教育法入門』，共立出版，東京

文部科学省（2017）「知識・活用を一体的に問う調査問題の在り方について」，2022 年 7 月 25 日閲覧

https://www.mext.go.jp/b_menu/shingi/chousa/shotou/130/shiryo/__icsFiles/afieldfile/2018/09/07/1408240_3.pdf

文部科学省（2022）「令和 4 年度全国学力・学習状況調査リーフレット」，2022 年 7 月 25 日閲覧

https://www.mext.go.jp/content/20220221-mxt_chousa02-000019467-1.pdf

日本教職員組合（2019）「2019 年度　文科省『全国学力・学習状況調査』の結果公表に対する書記長談話」，2022 年 7 月 25 日閲覧

https://www.jtu-net.or.jp/statement/discourse/2019gakutekekka/

西之園晴夫（1986）『コンピュータによる授業計画と評価』東京書籍，東京

OECD (2019)「 OECD Education and Skills Today, Computer Science and PISA 2022」，2021 年 7 月 25 日閲覧

https://oecdedutoday.com/computer-science-and-pisa-2021/

岡本尚子（2018）「第 2 章 評価」；岡本尚子，二澤善紀，月岡卓也編著『算数科教育』ミネルヴァ書房，京都，pp.13-22

岡本尚子，御園真史（2022）「第 3 章 学力調査と評価」；黒田恭史編著『中等数学科教育法序論』共立出版，東京，pp.51-70

志水宏吉，山本晃輔（2012）「序章 世界の学力政策のいま」；志水宏吉，鈴木勇編著『学力政策の比較社会学【国際編】PISA は各国に何をもたらしたか』明石書店，東京，

pp.9-27

鈴木秀幸（2006）「パフォーマンス評価」；辰野千壽，石田恒好，北尾倫彦監修『教育評価事典』図書文化社，東京，p.175

田中博之（2020）『「主体的・対話的で深い学び」学習評価の手引き－学ぶ意欲がぐんぐん伸びる評価の仕掛け』教育開発研究所，東京

田中耕治（2021）「教育評価の機能：診断的評価，形成的評価，総括的評価」；田中耕治編『よくわかる教育評価［第3版］』pp.8-9

第4章
算数科における ICT 活用

本章では，算数科に関わる ICT 活用について述べる。第1節では，ICT と算数教育の概観について述べる。第2節では，GeoGebra を用いた算数科教材について述べる。第3節では，様々な困難のある子どもへの ICT 活用の可能性について述べる。

4.1 ICT と算数教育の概観

第1節では，算数科で ICT を活用する際のポイントと，ICT を活用した授業実践について述べる。

4.1.1 ICT を活用する際のポイント

(1) なぜ ICT を活用するのか

そもそも ICT とは，Information and Communication Technology の略称で，日本語では情報通信技術と訳され，パソコンやタブレット端末，インターネットなどを使った情報処理や通信技術のことを指す。GIGA スクール構想の早期実現により，一人一台のタブレット端末が配布されたことも相まって，ICT を活用した教育が近年よりいっそう注目を集めている。

現在 ICT は，その使いやすさや便利さから日常生活や社会に浸透しており，今後も ICT の普及や進化は進んでいくと考えられる。それに応じて様々なアプリケーションや，人々の活動によるきわめて膨大な情報が生み出され，蓄積され

ていく。こうした背景から，小学校学習指導要領（平成 29 年告示）解説では，「職業生活ばかりでなく，学校での学習や生涯学習，家庭生活，余暇生活など人々のあらゆる活動において，さらには自然災害等の非常時においても，そうした機器やサービス，情報を適切に選択・活用していくことが不可欠な社会が到来しつつある。」（文部科学省 2017 p.84）と述べている。社会のあらゆる場所で ICT の活用が日常のものとなっている現代において，ICT を活用する能力は極めて重要である。よって，子どもたちの未来の可能性を広げる学校で一人一台のタブレット端末を使えるような環境や，ICT を活用した教育内容を充実させることは，これからの社会を生き抜く力を育むためにも必要不可欠である。

　ICT 環境の整備をはじめとする学校現場における新たな技術革新は，年々増加の一途をたどっている，不登校や外国籍の子どもたちにも有効である。コロナ禍等の理由により登校できなかったとしても，インターネット環境下であれば，いつでもどこでも学習できる。詳しくは後述するが，言語の壁により学習がスムーズにいかない子どもに対する支援も可能である。ICT を活用することによって，多様な背景を持つ子どもたちを誰一人取り残すことなく，子どもたち一人ひとりに最適化された学びを提供し，特別な支援が必要な子どもたちの可能性を広げることができる。

　また子どもたちだけでなく，学校現場で働く教員の働き方改革にもつながる。ICT の導入や運用により，教材研究や授業準備，成績処理等の負担を軽減することができる。

　上記の通り，ICT を活用することによる恩恵は多岐にわたる。近年の技術革新は目まぐるしく，今後も新たな学習支援の形が出てくると考えられる。これからの社会の担い手として，時代に取り残されず，ICT の活用法やネットリテラシーなどの情報活用能力を習得し，次世代を担う子どもたちにその知識や技術を伝達していくことが極めて重要であるといえる。

(2) ICT を活用する場面

　ICT を活用できる場面は非常に多いが，ここでは特に算数科で ICT を活用する場面について述べる。文部科学省は，算数・数学科の指導に求められる観点として，「具体を通して，算数・数学の内容を確実に理解し，数学的に考える力を

育成すること」（文部科学省 2020 p.2）と「日常生活や社会の複雑な事象の問題を解決するために，様々なデータを収集・整理・分析し，その結果をもとに判断・表現できる力の育成」（文部科学省 2020 p.2）が必要であり，そのためには ICT を効果的に活用することが重要であると述べている。文部科学省は，算数科で主に学習する単元の中でも特に，「B 図形」と「D データの活用」の領域の学習を通して身に付ける資質・能力の育成のために ICT を活用することを求めている。「B 図形」では，図4.1 のように正多角形をプログラムを使って描くことや，図4.2 のように図形を動的に変化させて図形を観察することを通じて，考える力の育成を目指す。「D データの活用」では，図4.3 のように表計算ソフトを用いて，目的に応じて色々な表やグラフを作成し，その結果をもとに物事を判断・表現できる力の育成を目指す。

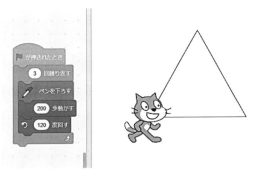

図4.1　Scratch でかいた三角形

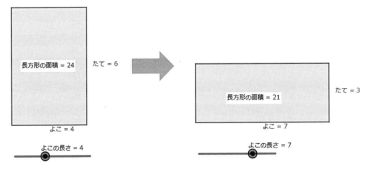

図4.2　周の長さが 20 の長方形のよこの長さを動かす教材

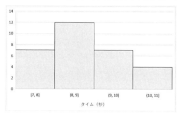

	男	女	合計
7.5未満	1	1	2
7.5以上8.0未満	2	3	5
8.0以上8.5未満	5	1	6
8.5以上9.0未満	2	4	6
9.0以上9.5未満	3	1	4
9.5以上10.0未満	2	1	3
10.0以上	1	3	4

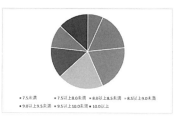

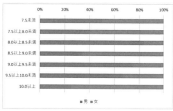

図4.3　50m走の記録を表す表やグラフ

　ただし，これらの領域以外でも，状況に応じて積極的にICTを活用していくことが好ましい。例えば，問題解決の流れの中において，問題提示や自力解決，学び合い，まとめ・振り返りの際にICTを活用することができる。問題提示の際には，板書やプリントの配布等を行わなくても，瞬時に教室全体で共有できる。名城（2018）は，プレゼンテーションソフトによる問題提示では，関心・意欲，集中力が高まり，電子黒板による拡大表示では，交流活動が活発になり言語活動が深まったとしている。自力解決の際には，ノートやワークシートの代わりに使用することで枚数に制限がなく，試行錯誤が可能となる。また，教師はクラウド上でクラス毎のワークシート等を管理することで，個人の問題解決の状況を把握できる。学び合いの際には，児童の記述内容を一瞬で全体に共有，表示することができる。後藤（2019）は，思考を可視化することによって，他者との比較が容易になり，思考力の深化につながるとしている。まとめ・振り返りの際には，個人の記述内容を蓄積したり，これまでの学習の振り返りを一覧で表示したりすることが容易にできる。何に対しても，むやみやたらにICTを使おうとする必要はないが，状況に応じて適切にICTを活用しようとする視点を持つことが重要である。

4.1.2 ICT を活用した授業実践

(1) 1980 年代の授業実践例

　PC が日本で普及し始めたばかりのころは，Scratch や GeoGebra のようなアプリケーションはなかったため，各教員が自らプログラミングした教材を用いていた。そのため後藤（2019）は，当時の PC を活用した授業の多くは，各教員が学習指導要領で規定されている内容にとらわれず，創造的な算数教育を目指していることが特徴であると述べている。

　例えば，横地（1983）は，幼児を対象に，基本的な数の概念から足し算，引き算までを学習するソフトを開発した。学習内容は，ストーリー形式になっており，学習者が物語の主人公となって，キー操作により活動していく。また乱数発生を活かすことで，同一内容を繰り返しても，問題の内容や順番が同じにならないようにした。画面が動いたり音が出たり，学習するたびに内容が変わるといった，PC ならではの利点を活かした教材となっている。守屋（1987）は，小学校6年生を対象に，BASIC 文法を用いたカバリエリの等積変形を学習する実践を行なった。まずカバリエリの原理を学び，紙とはさみを使って手作業で絵を作成させた。その後，手作業で行なったことを数学化させるために，簡単なプログラム作りを行い，それをもとにプログラムとオリジナルの絵を作成させた。PC を活用することで，カバリエリの原理についてより深い学習を行うことができたとしている。鈴木・黒田（1988）は，小学校1年生を対象に，13時間かけて，PC 上で三角形や円といった様々な図形を描き，それらを組み合わせてオリジナルの絵を完成させた。自分の好きな場所に図形を描くために，座標平面の学習を合わせて行なった。授業を通して，小学校1年生にとっても，直線図形と曲線図形の指導が可能であること，また座標を用いてオリジナルの絵を PC 上にプログラミングできることを示した。

　1980 年代をはじめとする MS-DOS の時代の研究は，あくまでも算数を学習するために，PC を活用するといったものである。PC を活用することによって，より発展的な内容の学習や創造的な活動を可能とした。

(2) 2000 年以降の授業実践例

　この時期になると PC の性能があがり，今まで技術的な問題からできなかったこともできるようになった。自分たちでアプリケーションを開発しやすくなり，また，Scratch や GeoGebra といった，操作が簡単で便利なアプリケーションも登場しはじめ，学校現場に取り入れやすくなった。

　大森・平野（2009）は，小学校 6 年生を対象に，図形の展開図を学習できるソフトを開発し，実践を行なった。ソフト内ではさまざまな立体図形の展開図を開閉したり，展開図に関する問題を解いたりできる。開発したソフトを使って学習した実験群と，教科書と工作用具を使って学習した統制群とでは，実験群の方が学力面での教育効果に優れていることを示した。川上ら(2015) は，小学校 6 年生を対象に，グラフ電卓と距離センサーを用いて，速さの導入授業を行なった。グラフ電卓と距離センサーを用いることで，児童が実際に歩いたときの速さをグラフとして表示することができる。児童にはいくつかのグラフが提示され，そのグラフと同じ形になるように自分で歩く速さを調節する。この活動を通じて，現実事象と算数のつながりを実感し，「速さ」を感覚的に捉えるだけでなく，グラフの特徴や表から見出せる数量の関係からも捉えられるようになったとしている。髙橋ら（2020）は，小学校 5, 6 年生を対象に，Scratch とドローンを用いて，空間認識力を育成する授業を行なった。スタート地点からゴール地点までにいくつかの障害物があり，それを避けてドローンをゴール地点まで飛行させるプログラムを作成させた。授業の事前と事後のテスト結果より，Scratch とドローンを用いた実践で空間認識力が向上したとしている。

　近年では技術の進歩により，プログラミングの知識がそれほどなくても，既存のアプリケーションを使うことによって，さまざまな教材を作成することができるようになった。また，デジタル教科書の登場により，既に作成されている教材を授業場面で取り入れやすくなった。その一方で，近年は PC 操作が中心の研究が多くなり，算数の教育内容が中心の研究は少なくなっている。この要因として後藤(2019) は，情報教育や教育工学の研究者による ICT を活用した算数・数学の研究が多く，数学教育の研究者によるものは少ないことを指摘している。ICT を活用することはあくまでも手段であり，使うこと自体が目的とならないように

注意すべきである。

4.2 GeoGebra を用いた算数科教材

第2節では，誰でも無料で扱うことのできる動的数学ソフトウェアの
GeoGebra を用いた算数科教材と取り組み実践例について述べる。

4.2.1 GeoGebra を用いた図形の回転体の教材

(1) GeoGebra とは

GeoGebra とは，幾何，代数，解析を1つに結び付けた動的数学ソフトウェア
のことである。特徴として，描画が美しくわかりやすいこと，操作が容易である
こと，作成した図形や点といったオブジェクトを動的に表示できることが挙げ
られる。GeoGebra は，パソコンやタブレット端末，スマートフォン等にアプリ
ケーションをインストールするか，インストールせずとも web 上で使用できる。
GeoGebra で作成した教材は，URL 等で簡単に共有することができるため，一
度作成すればいつでもどの端末からでもアクセスできる。また GeoGebra のホー
ムページでは，世界中の人が作成した教材が公開されており，アクセスできるよ
うになっている。

(2) 図形の回転体

空間図形は，教えることも難しく，児童の多くが苦手とする単元の一つである。
従来は，実物模型などを用いた指導が行われてきたが，材料費や製作時間などの
問題がある。一方 GeoGebra を活用することで，材料費はかからず，1つ作成す
れば全員に共有できるなど，実物模型の代替物にもなりうる。また，実物模型
の代替物だけとしてでなく，実物模型にはない ICT 教材ならではの良さがある。
その一つが，図形を動かした後の軌跡を表示できることである。例えば図 4.4 の
ような，回転の軸が立方体の最も遠い点同士を通る立方体の回転体を考えるとき，
実物模型を回転させたとしても，その回転体を予想・観察することは難しい。一
方で，GeoGebra であれば回転した軌跡を残すことができるため，複雑な回転軸
や図形の回転体でも，容易に観察できる。つまり，ICT を活用することで，学
習指導要領の規定を超えた発展的な内容を学習できるようになる。

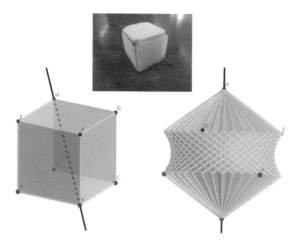

図4.4 立方体の回転体

(3) 取り組み実践例

A. 回転体の予想

取り組み実践では，小学校6年生を対象に，従来通りの図形の回転体の学習と，GeoGebra を用いたより発展的な回転体の学習を行なった。なお，学習指導要領の規定では，回転体は中学校1年生で学習する内容である。

まずは，三角形や長方形，半円といった基本的な図形の回転体の描き方を学習した。その後，図4.5のように回転軸と図形が離れている場合や，立方体を回転させたときにどうなるか，実物模型を用いてグループ間で考えさせ，予想を書かせた。児童は，図形の各頂点がどういった軌道をたどるか，辺や面が重なる部分はどうなっているかなどを話し合っていた。その結果，児童30名のうち，正しい回転体の図を描くことができた児童は，図4.5の(1)が27名，(2)が10名，(3)は1名となった。(3)は実物模型も用意してグループで考えさせたが，頂点や辺がどのように回転するのか観察するのは難しかったと予想される。

B. 回転体を表示するプログラムの作成

ここでは，図4.5の回転体を表示するプログラムを作成した。GeoGebra で回転体を表示するためには，図4.6のように大きく分けて，① 回転の軸の作成，② 回転させるオブジェクトの作成，③ スクリプトの作成，④ プログラムの実

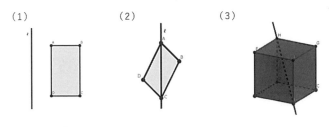

図4.5 複雑な回転軸や図形の回転体の予想

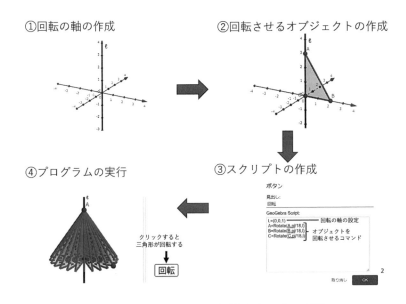

①回転の軸の作成

②回転させるオブジェクトの作成

④プログラムの実行

③スクリプトの作成

クリックすると
三角形が回転する

回転

図4.6 GeoGebra で回転体を表示する手順

行，の4つの段階がある。スクリプトとは，GeoGebra 内で点や線，面といった
オブジェクトを再定義したり動かしたりできるプログラミング言語のようなも
のである。例えば Rotate(< 点 >,< 角度 >,< 軸 >) というコマンドを用いること
で，指定した< 点 >を，< 軸 >を基準に，< 角度 >の分だけ回転させることが
できる。こうしたスクリプトを用いることで，Scratch といったビジュアルプロ
グラミング言語を用いたものよりも，実際のプログラミングに近い学習ができる。
GeoGebra で回転体を表示するプログラムを作成するにあたり，図4.7のような
プログラミング教材を作成した。教材は一部穴埋め形式になっており，図形の頂

まずは，立方体を作りましょう。

GeoGebra で立方体を作るためには，点を 3 つ作成する必要があります。

1 辺のながさが 1 の立方体を作ります。
A＝(0,0,0)のときとき，点 B，C の座標はどうなりますか。

B＝(　，　，　)　　　C＝(　，　，　)

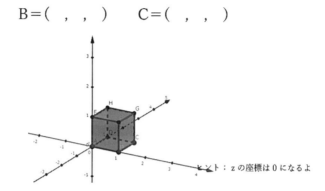

ヒント：z の座標は 0 になるよ

点 A，B，C を作成し，　Cube(A,B,C)　と入力して立方体を作ります。

図4.7　自作のプログラミング教材を一部抜粋

点の座標などを考える必要がある。

　児童は，プログラミング教材を見たり，グループで協力したりしながら，プログラムを作成した。実践後のアンケート調査から，最終的に 29 名中 28 名の児童は，図形の回転体を表示するプログラムを作成できたことがわかった。また，そのうちの 22 名はプログラミング教材を使うことで自分 1 人でプログラムを作成できたと回答した。

C. 取り組み実践のまとめ

　実践の結果をまとめると，次のとおりである。

1) 児童は，紙面上や実物模型を使った学習では分からなかった回転体が，パソコンを利用することで学習できることに興味を持っていた。

2) GeoGebra で図形の回転体を表示するプログラミング教材を用いることで，小学校 6 年生の児童が自分 1 人の力でプログラムを作成し，学習を進めることができた。

本実践のように PC を扱う際は，普段から児童が PC にどれだけ慣れ親しんでいるかが非常に大きい。今回の実践対象の児童たちは，全員 GeoGebra を使用したことがなく，PC 操作自体に慣れていない児童も多かった。そのため，プログラムを作成する過程では，教材の内容というよりも，基本的な PC 操作につまずく児童が多かった。しかし，そういった基礎的な技能に関しては，1 時間の授業の中でもすぐに慣れて習得していた。よって，今回のようなプログラムを作成する実践を行う際には，事前に操作に慣れさせる活動や，普段の授業から積極的に ICT を活用していくことが重要であると考える。

4.3 様々な困難をサポートするツールとしての ICT 活用

　第 3 節では，様々な理由で算数学習に困りごとが生じている児童に対して，ICT の活用がそれらをサポートするツールとなることの教育的意義と，具体的な例について述べる。

4.3.1 ICT 活用の背景となる教育配信の歴史

　教育の歴史を振り返ると，ICT 活用の役割を考える上で重要かつ大規模な教育配信の取り組みが，これまでにいくつか存在してきた。そこでは，それぞれの時代の媒体（機器）の開発と連動しながら，どのような子どもを対象に，どのような目標とゴールを設定するかということが極めて重要であった。こうした開発者らの想いを汲み取ることは，現在の日本の学校教育での ICT 活用のあり方を，今一度振り返らせてくれるとともに，これからの予期せぬ様々な困難をサポートするツールとしての ICT 活用を考える上で，貴重な示唆を与えてくれる。以下，具体的な歴史的取り組みを遡りながら，活用に際しての要点を明確にしていきたい。

　第二次世界大戦後は，日本全国各地に生活困窮家庭が多数存在し，多くの児童生徒は学習を満足に受けることのできない状態が続いていた。中でも，都会と地方との差は大きく，総じて地方は貧しい状況にあった。塾や予備校といったものもなく，学習機会に大きな格差が生じており，大学進学率も大きな違いが見られた。これに対して，旺文社は当時，家庭に普及し始めた「ラジオ」という媒体に

着目し，早朝と深夜の番組時間帯を利用して，1952 年から大学受験ラジオ講座を開始した。全国の高校生たちが，無料で配信されるラジオ放送による一流の講師陣の講座を，安価なテキストを購入することだけで，地域の壁を超えて学ぶことができるという環境を実現したのである。そこには，取り組み制作者の，地域間格差，貧富の格差を克服するという強い意志を見てとることができる。この取り組みは，1995 年まで 43 年間にわたって高校生の学力を支え続けたのである。

目を世界に転じてみる。1960 年代以降もアメリカでは，肌の色の違いによる歴然たる差別が行われており，小学校入学時点から白人の子どもたちと，黒人や有色人種の子どもたちとの教育格差は歴然としたものであった。一方で，教育格差は，結局のところ総力としての国力を下げると判断したアメリカ政府は，小学校までの就学前教育こそが，国の命運を分けるとして，当時家庭に普及が始まっていた「テレビ」という媒体に着目し，取り組みを始めた。それが，日本語を始めとして世界中の言語に翻訳され，長きにわたって放送されたテレビ番組「セサミ・ストリート（Sesame Street）」の制作である。就学前の子ども自らが，率先してこの番組を視聴したが，番組の随所に基本的な英単語や数字を大写しするシーンなどが組み込まれ，子どもたちは自然と就学前教育を受けることができたのである。このセサミ・ストリートは，1969 年の放送開始以来，世界 150 以上の地域で放送されるなど，アメリカのみならず世界の就学前教育へ大きな影響を及ぼしたのである。

高等教育（大学教育）において，最新の研究内容を一般市民の手に届けるという思想は以前からあったが，それを実現する具体的な方策が存在しなかった。「コンピュータとインターネット」の発展は，その具体的な解決策として登場し，2008 年から MOOC（ムーク：Massive Open Online Courses）という取り組みが，アメリカを発祥として全世界でスタートした。これは，「大規模公開オンライン講座」というものであり，最先端の大学の講義をインターネット上で無償公開し，全世界から視聴可能な環境を構築するというものである。この狙いとしては，世界中の誰もが，学びたい内容を，どの国に在住していても，学習可能な環境の構築であった。日本でも，東京大学や京都大学などが積極的に動画教材を配信している。

そして，これらの取り組みに共通する事項は，次の3点である。

1) 学びに困りごとのある学習者を，主たる対象としていること
2) 時代に適した媒体を用いて，無償で教材を配信していること
3) 教材配信という一方向性の方式を用いることで，多数の学習者が学習可能であること

　現在のICTの教育利用では，双方向性やバーチャル性が追求され，あたかも対面形式かの如くサイバー空間（仮想空間）でつながることが良いとされる傾向にあるが，果たしてICTの教育活用の最大の効果は，その点にあるかどうかは，慎重に議論しておく必要があるだろう。すなわち，こうした方法では，時間制約の問題，人数制約の問題，コストの問題などが残されたままになっており，端的に言えば「ヒト・モノ・カネ」に依存する教育支援であるために，いずれかが枯渇すると機能しなくなる危険性を有しているからである。

　むしろ，こうした危険性を回避するために，一度，教材を作ってしまえば，いつでも，どこでも，どの段階からでも，無償で何度でも学習することのできる恒常的な教育環境を構築することこそが，足腰の強い教育支援につながるのではないかと考える。

4.3.2 様々な子どもの困りごとに対応したICT活用

(1) 重度の病気や怪我の子どもの学習支援

　全国には，重度の病気や怪我などにより，長期にわたって入院しなくてはならない子どもが少なからずおり，こうした子どもへの学習支援は，なかなか十分に行われているとは言えない。病院内に学校が設置されている院内学級においても，異年齢の子どもの学習支援を一人の先生が担うなどしており，なかなか十分に手が回らないというのが実情である。加えて，子どもたちは，ベッドの中で一日の大半を過ごしており，寝た姿勢での学習となると制約も多く，長時間の学習も体への負担が大きいといった問題もある。

　「スマートフォン」の普及は，そうした環境においても有効に機能するツールとして期待される。病院内での無線LANの充実など，ハードルはいくつかあるものの，小型・軽量で持ち運び自由な媒体は，様々な可能性を有しているといえ

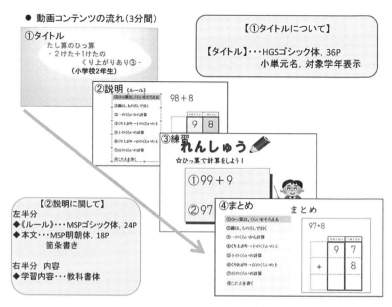

図4.8　画面構成の流れと詳細な注意事項

る。筆者らは，2016年度より動画教材を制作・公開することで，院内学級の子どもの学習支援に取り組んできている。院内学級の子どもたちの様々な制約を踏まえ，動画制作のコンセプトは「ベッドに寝ながらスマホで3分学習」としており，短時間動画で，要点を押さえた算数・数学動画となっている。画面構成は，図4.8のように全て統一しており，学習者が安心して学習できるようにしている。

既に，小学校1年生から高等学校3年生までの学習内容を，2023年8月現在580本の動画教材として制作し，京都教育大学公式YouTubeサイトや専用ホームページで公開し，全国で活用していただいている。

(2) 不登校の子どもの学習支援

文部科学省(2022)の調査によると，この間の不登校児童生徒の数は増加の一途を辿っており，コロナ禍がそれに拍車をかける結果となった。

表4.1は，ここ3年間の小学校と中学校の不登校児童生徒数であるが，いずれも前年度比で比較すると大幅な増加となっている。小学校では8万1千人超，中学校では16万3千人超，両方を合わせると24万4千人超となり，それなりに

表4.1　小学校と中学校の不登校児童生徒数の推移

【小学校】

区分 (年度)	不登校児童数 (前年度比)
2021 年度	81,498 名 （＋ 29%）
2020 年度	63,350 名 （＋ 19%）
2019 年度	53,350 名 （＋ 19%）

【中学校】

区分 (年度)	不登校学生数 (前年度比)
2021 年度	163,442 名 （＋ 23%）
2020 年度	132,777 名 （＋ 4%）
2019 年度	127,922 名 （＋ 7%）

大きな市の人口に匹敵している。

　この数を，小学校と中学校の児童生徒総数とで比較すると，小学校では約77人に1人，中学校では約20人に1人が不登校となる計算となり，中学校では1学級に少なくとも1人の不登校生徒が在籍することとなる。

　また，通常，マスコミで発表される不登校児童生徒数とは別に，長期欠席児童・生徒数が同様に文部科学省から公表されている（文部科学省，2022）。長期欠席児童・生徒数とは，不登校児童生徒数に，病欠，経済困窮，新型コロナによる欠席，その他を加えた数である。

　表4.2は，ここ3年間の小学校と中学校の長期欠席児童生徒数であるが，小学校では18万人超，中学校では23万2千人超，両方を合わせると41万3千人超となり，さらに深刻な状況にあることがわかる。とりわけ，小学校での前年度比の増加が急激であることが極めて重大である。

表4.2　小学校と中学校の長期欠席児童生徒数の推移

【小学校】

区分 (年度)	欠席児童数 (前年度比)
2021 年度	180,875 名 （＋ 59%）
2020 年度	113,746 名 （＋ 26%）
2019 年度	90,089 名 （＋ 7%）

【中学校】

区分 (年度)	欠席学生数 (前年度比)
2021 年度	232,875 名 （＋ 34%）
2020 年度	174,001 名 （＋ 7%）
2019 年度	162,736 名 （＋ 4%）

　この数を，小学校と中学校の児童生徒総数とで比較すると，小学校では約35人に1人，中学校では約14人に1人が不登校となる計算となり，小学校においては1学級に1人の不登校の児童が，中学校では1学級に2人の不登校生徒が在籍することとなる。実際に欠席している児童生徒は，この長期欠席児童生徒数であることから，学校現場でのこの間の増加の感覚は，この数値に近いものであ

ると考えられる。

さらに，各学年の児童生徒の増加傾向の特徴を分析すると，新たな課題も見えてくる。表4.3は，前年度から不登校が継続している児童生徒数の3年間の推移である。小学校1年生は，幼稚園・保育所からのために継続データがなく省いている（文部科学省，2022a）。

表4.3 前年度から継続する不登校児童生徒数の推移

学校種別		小学校						中学校			
	学年	2年生	3年生	4年生	5年生	6年生	合計	1年生	2年生	3年生	合計
前年度から不登校	2019年度	1,417	2,429	3,768	5,898	8,345	21,857	9,804	25,873	34,171	69,848
	2020年度	1,609	2,843	4,427	6,553	9,351	24,783	10,909	27,376	34,014	72,299
	2021年度	2,233	3,704	5,823	8,378	12,013	32,151	12,992	30,784	39,752	83,528
	増加率	138.8%	130.3%	131.5%	127.8%	128.5%	129.7%	119.1%	112.4%	116.9%	115.5%

増加率が高いのは，小学校では2，4年生，中学校では1年生であり，継続する不登校の児童生徒の層が低学年化しているために，長期的な個別の学習支援を組織的・効率的に運用していかなくては，最前線で児童生徒と向き合う先生方が疲弊してしまう危険性が急速に高まってきている。

院内学級の子どもたちのための「ベッドに寝ながらスマホで3分学習」という動画制作のコンセプトは，まさに不登校の児童生徒の学習支援にも適用可能であると考えられる。精神面にダメージを受けている不登校の児童生徒は，なかなか机の前で学習することが困難である場合が少なくないために，こうした動画を活用することで学習の機会を得ることや，自尊心の復活にもつながるのではないかと予想される。

不登校を克服する一つの大きな機会は，小学校から中学校，中学校から高等学校といった学校種が変わる段階であるが，その際，学力が身に付いているのと，付いていないのとでは，進路の選択肢の幅に大きな違いが生じる。系統性の強い算数・数学の動画教材による学習支援は，不登校の子どもの将来を大きく左右する可能性があると言えるのである。

(3) 一斉休校時の子どもの学習支援

2020年3月より，コロナ禍の影響により，学校に登校して対面形式で学習するという状況が，長期間にわたって著しく制限されることになった。現在は，対面形式に戻りつつあるが，今後も予断を許さない状況は当面続くことが予想され

る。

　時期を同じくして 2020 年度から実施された GIGA スクール構想は，2023 年度までに全ての小・中学生に一人 1 台のコンピュータを貸与するという事業であったが，計らずもコロナ禍による学校休校の影響により，2021 年度には全ての小・中学生に一人 1 台の環境が整備されることとなった。

　コンピュータの環境が急速に整備された一方で，問題となったのが，授業で扱う動画教材などの決定的な不足であった。教育委員会，学校，個々の先生方が，苦労して様々な動画教材を制作し，児童生徒に提供していたが，それらは単発的・一過性ものが多く，系統的・継続的に学ぶことのできるものにまでは到達し得ないままに，対面式の授業へと移行する結果となった。

　今後，コロナ禍に限らず，想定外の事態が生じた際にも学習が止まることの無いように，系統的・継続的な学習支援システムを構築していくことが重要である。筆者は，2020 年 4 月より，約 1 年半の期間をかけて，小学校 1 年生から 6 年生までの全ての算数の内容を自学自習可能な動画教材約 1,200 本を制作し，無償公開を行なっている。これは，自宅での学習が可能なように，主にノートに記述している場面を動画収録し，それぞれの学習内容を音声で解説するというものである。動画内で活用するプリント類は全て JPG 形式でダウンロード可能にしており，さらに教具は極力自宅で用意できるものを用いている（図 4.9）。学習者が，自宅で容易に実験・検証したり，試行錯誤したりしながら学ぶことを企図している。

　こうした動画教材の蓄積と公開は，災害時等の非常食の役割に似ている（図 4.10）。通常の対面式授業が実施可能な際には必要としないが，いざ非常事態が

図 4.9　卵を用いた学習場面　　　図 4.10　専用ホームページサイト

生じた際には，学習を継続的にサポートするものとして，誰もが使用可能な環境を構築しているのである。こうした幾重もの学習支援システムを整備しておくことが，これからはますます重要となってくる。

(4) 日本語指導が必要な子どもの学習支援

図4.11は，日本に在住する日本語指導が必要な外国籍の児童生徒数の推移である（文部科学省，2022b）。令和3年度には，4万7千人を超えており，日本語指導が必要な日本国籍の児童生徒数1万人超を加えると，5万8千人超の児童生徒が，日本語指導を必要としている。

平成24年度以降，その数は急速に増加しており，日本語指導支援員の配置の充実がなされるなど，具体的な学習支援が始まっている。しかし，その支援体制は十分とは言えず，とりわけ，工場誘致などによる短期間に急速な増加が生じた地域では，受け入れに関するノウハウがないために学校現場では少なからず混乱が生じているといった問題も起こっている。

当然，海外から来日した子どもの多くは，日本語がほとんど理解できない状態であり，日本語で学習する環境に突然置かれても何もできず，ストレスが溜まってしまうことは容易に想像がつく。また，自国の算数・数学のカリキュラムと日本のカリキュラムが異なるために，算数・数学のレベルが極端に上がってしまい，

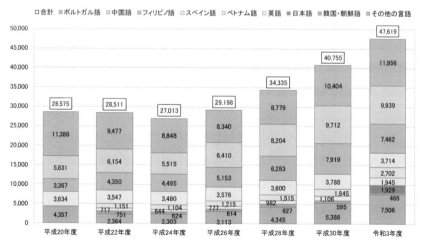

図4.11　日本語指導が必要な外国籍の児童生徒数（文部科学省，2022b）

理解困難という事態に陥ってしまう場合もある。

これらを少しでも克服することができるよう，2016年より多言語に対応した算数・数学動画教材の制作と公開に取り組んできている。その仕組みは，図4.12のようである。

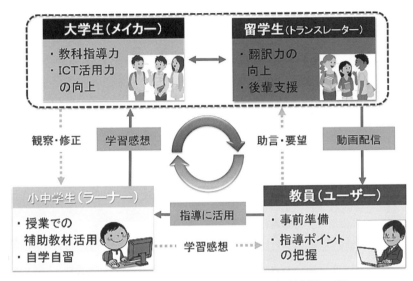

図4.12　多言語対応版算数・数学動画教材制作工程

まず，先述の院内学級の子どもや不登校の子ども用に制作した日本語版動画教材を用いて，日本の大学に在籍する留学生に翻訳を依頼し，多言語版算数・数学動画教材を制作する。続いて，日本語指導が必要な児童生徒が多数在籍する地域の教育委員会・学校と連携して，これらを活用していただく。活用した際の効果や改善点などのフィードバックを踏まえ，動画教材の改良につなげていく。

現在，中国語版，韓国語版，英語版，ブラジル・ポルトガル語版，ベトナム語版，フィリピン語版に加え，ウクライナ語版を急遽制作し，京都教育大学公式YouTubeサイトに掲載している。制作総本数は，日本語版を含め約3,700本と，かなり充実してきており，文部科学省をはじめ各地の教育委員会，学校等のホームページで紹介していただいている。

これまで，事態の深刻さを把握しつつも，なかなかサポートすることができなかった子どもたちに対して，多言語に対応した算数・数学動画教材の無償公開に

よる学習支援システムは，広範な地域に向けて持続的な学習を提供する可能性を有しており，SDG4の「誰一人取り残さない教育」の実現に向けた，その一役を担うものであるといえる。

研究課題

1. ICTを活用する際のポイントや配慮すべき点を記述しなさい。
2. GeoGebraのホームページから一つ教材を選び，それをもとに自分でオリジナルの教材を作成しなさい。
3. 様々な困りごとのある子どもの学習困難な場面を整理し，その打開策の具体的な特徴について記述しなさい。

引用・参考文献

後藤学（2019）「算数教育とテクノロジーに関する研究動向—コンピュータは算数教育に貢献したか—」，数学教育学会誌，Vol.60，No.3・4，pp.49-59

川上貴・米田重和・浦郷淳・立石耕一・石井豪（2015）「「歩く」事象に基づいた算数科「速さ」の導入指導 —グラフ電卓と距離センサーを活用して—」，日本科学教育学会研究会研究報告，Vol.30，No.2，pp.1-6

黒田恭史（2020）「黒田先生と一緒に学ぼう！15分でわかる小学校算数授業動画」ホームページサイト，2022年9月30日閲覧

https://sansu-douga-kuroda.amebaownd.com/

京都教育大学公式YouTubeサイト，2022年9月30日閲覧

https://www.youtube.com/channel/UCbFgl-Qeb-ytfZY0VvlBraQ

文部科学省（2017）『小学校学習指導要領（平成29年告示）解説【総則編】』，p.84

文部科学省（2020）「GIGAスクール構想のもとでの小学校算数科の指導について」，2022年9月30日閲覧

https://www.mext.go.jp/a_menu/shotou/zyouhou/mext_00005.html

文部科学省（2020）「算数・数学科の指導におけるICTの活用について」，2022年9月30日閲覧

https://www.mext.go.jp/a_menu/shotou/zyouhou/mext_00915.html

文部科学省（2022a）「令和3年度児童生徒の問題行動・不登校等生徒指導上の諸問題に関する調査（令和4年10月）」，2022年10月30日閲覧

https://www.mext.go.jp/content/20221021-mxt_jidou02-100002753_1.pdf

文部科学省（2022b）「日本語指導が必要な児童生徒の受入状況等に関する調査（令和3年度）の結果について（令和4年10月）」，2022年10月30日閲覧

https://www.mext.go.jp/content/20221017-mxt_kyokoku-000025305_02.pdf

守屋誠司（1987）「教授学習法とコンピュータの活用 ―CVWLとカバリエフの原理を素材に―」，数学教育学会研究紀要，Vol.28，No.1・2，pp.21-38

名城尚人（2018）「効率的・効果的なICT活用に関する研究：小学校低学年算数科における授業を通して」，琉球大学大学院教育学研究科高度教職実践専攻年次報告書(2)，pp.73-80

大森晃・平野直樹（2009）「展開図学習用電子教材「TENKAI」を利用した授業の学力面での教育効果の検証」，教育システム情報学会誌，Vol.26，No.4，pp.357-366

鈴木正彦・黒田恭史（1988）「小学校1年生における図形教育の試み―パソコンの効果的な教育利用を考えて―」，数学教育学会研究紀要，Vol.29，No.1・2，pp.63-73

髙橋瞭介・桐原一輝・桐生徹・大島崇行（2020）「空間認識力を育むドローンを活用した授業デザインの開発と評価～児童の視点移動に着目して～」，日本科学教育学会研究会研究報告，Vol.34，No.5，pp.25-28

横地清（1983）「パーソナルコンピュータの教育的意義－教育用ソフトの開発をめぐって」，数学教育学会紀要，Vol.24，No.1・2，pp.35-51

第5章

算数科における数学的モデリング

本章では，これまでの数学的モデリングとは何かを理解し，これまで
の 研究の成果を踏まえて，実践例を挙げながら論じる。第1節では，
数学的 モデリングの研究背景や学習の意義などを概観し，第2節では，
数学的モ デリングの実践事例とその指導の留意点について論じること
にする。

5.1 数学的モデリングとは

5.1.1 数学的モデルと数学モデリング

　現実事象の問題を取り上げ，これを数学化し，学習した数学の知識を活用し解
決する。そして解決結果を現実事象に照らし合わせ吟味する。このような活動は
学校数学の1つの目標として大切にされている。このような活動を数学教育の中
に取り入れることを提唱し始めたのは，Freudental（1868），Pollak（1970）な
どの学者らである。

　モデル（model）という用語にはいろいろな定義があるが，ここでは Pinker
（1981）が定義した次のようなものとする。

　「M,O をそれぞれあるひとつの体系とするとき，M があるひとつの目的に関し
て O と同型であり，M を研究することが O において意味のある結果をもたらす
とき，M を O のモデルと定義する。」

上記の定義で，M に数学が使われるとき，O が現実事象の場合と数学そのもの場合が考えられる。いずれにしても M を用いることで，数学的に表現したり，説明したり処理することが可能である。そこで，数学がモデルとして使用されるとき，つまりモデルが数，量，形に関わるとき数学モデル（あるいは数学的モデル）と呼ぶことにする。

　「数学的モデリング」とは，現実事象の問題に対して，数学的モデルを使い，問題の解決を図ろうとすることである。

5.1.2　数学的モデリング過程

　数学的モデリング過程（Mathematical Modelling Process）とは，簡単にいうと，現実事象の問題を数学的に捉え，定式化された数学的モデルを用いて，数学的に問題を解決し，現実事象の問題にアプローチするという思考サイクルのことである。その思考過程のモデルとしてはいろいろなものが提案されている。以下に代表的なものを紹介する。

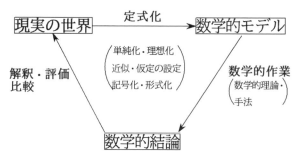

図 5.1　三輪(1982)による数学的モデリング過程

　図 5.1 は三輪（1982）による数学的モデリング過程の模式図である。数学的モデリング過程が 3 つの段階で示されており，作業の内容も分かりやすく，シンプルな図式といえる。

　従来の数学の授業で育成される能力は数学的モデルから数学的結論を導く「数学的作業」の部分である。これに対して，現実世界から数学的モデルを構築する「定式化」と数学的結論をもとに現実の世界に戻して考察する「解釈・評価・比較」の部分は従来の算数・数学の授業では扱われなかったプロセスである。このこと

から，数学的モデリングを授業の中で扱う際には，従来の算数・数学の授業で扱われなかった「定式化」「解釈・評価・比較」の部分が重要になってくることが分かる。

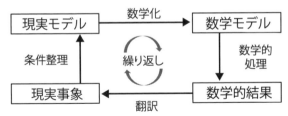

図 5.2　柳本(2011)による数学的モデリング過程

　図5.2は柳本（2011）による数学的モデリング過程の模式図である。三輪の概念図で，現実世界を現実事象と現実モデルに分けていることに特徴がある。数学的モデリングの授業で重要となってくる「定式化」の部分を分けることより，ポイントとなる部分をより明確にしているといえる。

　つまり，数学的モデリングの過程は，現実事象について，数理的な分析を行い，どのような条件が作用しているのか，主要な要因と些細な要因は何か，どのような条件設定から考えて行けばよいかといった条件整理を行い，現実モデルを作成する。次に，その現実モデルから方程式などの数学モデルを構築する。それに数学的処理を行なって数学的結果を導き，最初の現実事象の問題にその結果を翻訳する。その結果が現実事象の問題に合わないならば，再度条件整理を行なって数学モデルを再構築し，このプロセスを繰り返す。つまり，現実事象の問題には多くの要因が関連し合っているため，単純な数学モデルから複雑な数学モデルへと，数学モデリングの過程を何度も繰り返すことが重要である。

　図5.3は Blum & Leiβ(2007)による数学的モデリング過程の模式図である。数学的モデリング過程の図式としては最もポピュラーなものといえる。数学的モデリングの段階が7つに詳細に分けられているのが特徴である。現実事象に関わって思考する部分が更に細分化されている。

　図5.2の条件整理の部分を1と2段階に，翻訳の部分が6と7の段階に分けられているといえる。このことは，現実事象に関わって思考する部分が難しいのでより明確化するため，細分化されたといえよう。

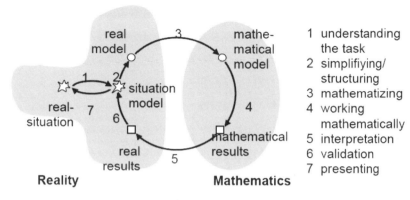

図 5.3　Blum & Leiβ (2007) による数学的モデリング過程

　現時事象の問題を算数・数学を用いて解決するためには，数学的モデリングのいろいろなスキルを身につけなければならず，この7段階のサイクルを回す能力を身につけることが求められるといえる。

　図 5.4 は中央教育審議会答申（2016）が示された「算数・数学の学習過程のイメージ」である。

　この学習の過程は，「事象を数理的に捉え，数学の問題を見出し，問題を自立的，協働的に解決し，解決過程を振り返って概念を形成したり体系化したりする

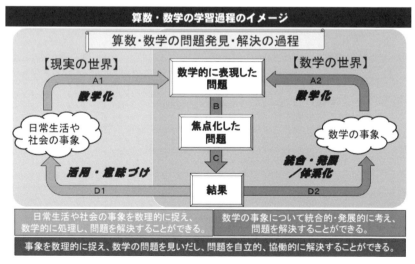

図 5.4　中教審答申 (2016) による「算数・数学の学習過程のイメージ」

過程」として規定されている。そして，現実の世界の部分を含む過程は，『日常生活や社会の事象を数理的に捉え，数学的に表現・処理し，問題を解決し，解決過程を振り返り得られた結果の意味を考察する，という問題解決の過程』，数学の世界の部分を含む過程は，『数学の事象について統合的・発展的に捉えて新たな問題を設定し，数学的に処理し，問題を解決し，解決過程を振り返って概念を形成したり体系化したりする，という問題解決の過程』とあり，これら2つの過程が相互に関わり合って展開されるとある。学習の過程のイメージ図にある前者の過程は，数学的な見方・考え方を働かせて，事象を数学の舞台に載せている点に留意することが大切であり，その結果として数学の舞台に載せたものがイメージ図の「数学的に表現した問題」となり，数学的に表現したものをより特定の部分に焦点化した問題に表現し，数学的処理をしたり，得られた結果を解釈したり，類似の事象にも活用したりして適用する範囲を広げることが求められているといえる。この学習過程は数学モデリング過程とは書かれていないが，数学的モデリングの過程に当てはまっているといえる。

5.1.3　数学的モデリングを学習する意義

Blum (2011) は，数学的モデリングの問題が児童・生徒にとって難しいのかについて，「数学的モデリングの問題の認知的な要求から，数学的モデリングは数学と現実の間の相互の翻訳を必要とし，そのため適切な数学的な考えと現実世界の知識を必要とするから，児童・生徒にとって数学的モデリングの問題は難しい。更に，数学的モデリングは数学の能力と関係している。特に，数学的に作業する（推論，計算，…など）ことと同様に読解力や問題解決のストラテジーをデザインしたり適用したりすることが必要とされるため，児童・生徒にとって難しい。」と述べている。

また，Blum (2011) は，数学的モデリングを学習する意義について次のように述べている。

「数学的モデリングや数学モデルを用いて問題解決できることはいろいろなところに存在し，テクノロジー機器の利用とも関連している。児童・生徒が責任ある市民となり，社会の発展に参加するためには，数学的モデリング能力が前提と

なってくるだろう。数学的モデリング能力を身につけることは，

- 児童・生徒がよりよく世界を理解することを助ける
- 数学の学習を支援する（動機付け，概念形成，理解，記憶）
- 多くの数学の能力の開発と態度に貢献する
- 数学への適正なイメージに寄与する

ことといえる。つまり，数学的モデリングによって数学が学習者にとってより意味のあるものになる。根本的に，数学的モデリングを正当化する理由は算数・数学の中心的な目的だからである。算数・数学教育の目的を実現，特に児童・生徒の数学的モデリング能力を育成するためには，さまざまな数学的モデリングの問題を扱わなければならない。」と述べている。

5.2 算数科における数学的モデリングの実践事例

第2節では，算数科における数学モデリングの実践事例として6年生を対象にした題材を2つ取り上げ，その指導上の留意点について述べる。

5.2.1 砂漠化で私たちの食卓が危ない？

(1) 概要

私たちの住む環境を取り巻く現状として，温暖化をはじめとした様々な環境問題の深刻さが叫ばれている。こういった問題に対して数学的な視点から考える態度を養うため，砂漠化の問題を取り上げて，その影響を数学的モデリングによって考察する。

そこで，まずはどのような値について考慮に入れる必要があるのか，条件の整理を行う必要がある。社会的な問題がテーマとなっているため，特にこの条件に十分に時間をとって議論し，問題場面への理解を深めてから数学の問題へと発展させる。そして，設定した仮定をもとに，学習段階に応じて適切な数学モデルを構築し，問題についての分析・考察を行う。

小学校6年生の本教材では，提示された仮定の意味を理解し，砂漠化によって1年あたりに減少する穀物輸入量を求める。

社会科との教科横断的な学習として扱うことによって，問題に対しての興味や

理解を一層深められることも期待できる。

(2) 目標

　日本は気候条件から砂漠化の危険性は低い地域になるため，直接的な危機感は感じにくい問題かもしれない。しかしながら，砂漠化によって世界の農地耕作面積が減少すると，同時に世界的な食料問題に発展する恐れがある。そのようになれば，多くの食料を輸入に頼っている日本にとっても大きな影響が懸念される。このような問題意識を共有した上で，砂漠化によって引き起こされる食糧問題の影響を数学的に分析することが本教材の目的である。

(3) 実践例

　第1時では，砂漠化によって世界の農地耕作面積が減少すると，多くの食料を輸入に頼っている日本にとっても，大きな影響が懸念されることを共有し，次の課題を提示し，条件を整理して必要な仮定を考える。

　地球上では年に6万 km^2 という勢いで砂漠化が進んでいるといわれています。私たちの住む日本は，砂漠化する可能性が低い地域です。しかし，たくさんの食料を海外から輸入している日本にとって，砂漠化による農地減少は，他人事ではありません

　砂漠化の進行によって，日本や世界でどれだけの食糧問題が起こりうるか考えてみましょう。

　この問題では，多くの条件を考慮する必要があるため，

① 　砂漠化によって，世界の農業生産量がどれだけ減少するか。

② 　これが日本の輸入量にどれだけ影響するか

という2つの問題に分けて考える。

　① について考えるためには，

- 全世界で現在の農地面積がどれだけあるか。
- そのうち，砂漠化で影響を受ける農地面積はいくらか。
- 全世界で年間どれくらいの農作物が生産されているか。
- 単位面積あたり，どれだけの農作物が生産できるか。
- 農地によって単位面積当たりの生産量に差はあるのか。

などについての条件を考慮する必要である。

②について考えるためには，

● 日本がどれだけの食料を輸入しているか。

● 砂漠化によって生産量に影響のある品目の割合はいくらか。

● 世界での穀物生産量の減少が，日本の輸入量にどのように影響するのか。

などについての条件を考慮する必要である。

① 問題の授業展開ついて（第1時）

砂漠化によって世界の農業生産量のどれだけの量が減少するかを，特定の作物を想定させながら考えさせる。農業生産量の減少量が作付け面積全体，作付面積全体の中で砂漠化する面積，生産量全体の量が関係することに気づかせる。その上で，次の課題を提示する。

現在，地球上では年に6万 km^2 という勢いで砂漠化が進んでいるといわれています。砂漠化の進行によって，穀物の農地面積が減少すると，世界で毎年どれだけの穀物生産量が減少するでしょうか。

　ただし，● 世界の穀物作付面積の合計は670万 km^2 である

　　　　　● すべての農地で生産量は均等である

　　　　　● 世界の1年あたりの穀物生産量は22000万 t である

（※「穀物」とは，米・小麦・トウモロコシなどの農作物のことです）

すべての農地で穀物生産量は均等である仮定から，農地1万 km^2 あたりの穀物生産量を求めることができることに気づかせる。

$$220000 ÷ 670 = 328.358...$$

これより，農地1万 km^2 あたり約329万 t の穀物が生産できることが分かる。

年間6万 km^2 の農地が砂漠化で減少するという仮定から，砂漠化の影響を受ける穀物生産量が求まることに気づかせる。

$$329 × 6 = 1974$$

したがって，年間1974万 t の穀物が砂漠化で減少するとわかる。

砂漠化で年間の穀物減少量が求めた後，求めた答えを最初の問題に戻って解釈し，適切であるかどうかを振りかえるために，次の課題を提示する。

> 求めた解を振り返って，いろいろ考察してみよう。

- 毎年1974万tの穀物生産量が減少するとは，いったいどのくらいの量だろうか。年間何人分の穀物消費量なのだろうか。
- この結果から日本の輸入量の減少は求められないだろうか。
- 砂漠化する面積のうち，穀物作付面積は3分の2だったとする。どの程度減少量は変わるだろうか。
- 実際の統計データでも世界の穀物生産量は減少しているのか。

など，各自及びグループで振りかえらせる。

単元の時間配分によっては，本時の振り返りをもとに，更なる疑問を問題としてその解決を図る。また，できれば作成したいろいろな問題とその解決の結果を伝え合う場を設定したい。

③ 問題の授業展開について（第2時）

①の授業の振り返りから「求めた結果から日本の輸入量の減少を求められないだろうか。」を取り上げたいところである。どのように考えれば日本の輸入量の減少を求められるか考えさせる。世界の穀物生産量の割合で，日本の輸入量も減少することに気づかせた後，取り上げた疑問を次の問題として提示する。

現在，地球上では年に6万km^{2}という勢いで砂漠化が進んでいるといわれています。砂漠化の進行によって，穀物の農地面積が減少すると，日本の穀物輸入量はどれだけ減少することになりますか。

ただし，
- 世界の穀物生産量の割合で，日本の輸入量も減少する。
- 日本の1年あたりの穀物輸入量は2800万tである。

世界の穀物生産量と同じ割合で，日本の輸入量も減少することから，年間の穀物生産量に対する砂漠化によって減少する穀物生産量の割合を考える。

$$1974 \div 220000 \times 100 = 0.897\ldots \fallingdotseq 0.9$$

よって，年間の穀物生産量に対する砂漠化によって減少する穀物生産量の割合は0.9%とわかる。

この割合だけ日本の穀物輸入量が減少すると仮定から，

$$2800 \times \frac{0.9}{100} = 25.2$$

したがって，年間 25.2 万 t の穀物輸入量が減少することがわかる。

砂漠化によって，日本の穀物輸入の減少量を求めた後，求めた答えを本時の問題に戻って解釈し，適切であるかどうかを振りかえるために，次の課題を提示する。

求めた解を振り返って，いろいろ考察してみよう。

- 年間 25.2 万 t の輸入量の減少は，どのくらいの影響するのか。
- 穀物の他に，野菜や肉類の生産量に，砂漠化は影響しているのか。
- 食用穀物と飼料用穀物の両方が影響していると考えると，食用穀物の輸入量はどのように変化するか。
- 単位面積当たりの穀物生産量がどのくらい向上すると生産量の減少が止められるか。

など，各自及びグループで振りかえらせる。

前時と本時の振り返りをもとに，疑問を更なる問題としてその解決を図らせたい。また，できれば作成したいろいろな問題とその解決の結果を伝え合う場を設定したい。

5.2.2 年金を税方式にしたらどうなるか？

(1) 概要

「老後にはお金がかかる」「早くから老後の準備をしておくことが大切」など老後のお金の関するテーマは，テレビでも見かけない日がないくらいで，小学生には遠いことのようにも感じながらもよく目にする話題である。老後の暮らしを考えたとき，主な収入源として真っ先に思い浮かぶのは「年金」である。「年金」について考えることは大切なことである。

ここでは，年金を税方式にしたとき，税率や年金支給額について考察することを数学的モデリング教材として取り上げる。年金税の税率の変化に伴って，年金支給額がどのように変わっていくのかを考察することで，適切な税率や年金支給

額を考える。さらに，家庭状況に応じた年金の支給額を変えたとき，年金税の税率をどのようにすべきかを考察することで，より良い年金税の税率と年金支給額を検討する。

社会科との教科横断的な学習として扱うことによって，年金の仕組みに対しての興味や理解を一層深められることも期待できる。

(2) 目標

「社会的セーフティ・ネット」として，安心・安定した暮らしを保障するため，「人生百年時代」を見据え，国民の誰もが，より長く，元気に活躍でき，全ての世代が将来にわたって信頼できる年金・医療・介護等の社会保障制度を確立することが望まれている。

このような問題意識を共有した上で，年金制度の確立を考える上で，年金のための徴収額と年金支給額との関係を数学的に分析することが本教材の目的である。

(3) 実践例

第1時では，年金制度に関わる話題を共有し，次の課題を提示し，条件を整理して必要な仮定を考える。

ケンさんが住むＮ県では，現在の年金制度に加えて，県独自の勤労者の所得（収入）から一定の割合の税金として集め，その集めたお金で，高齢者に年金を給付する計画を立てています。

税率何％くらいの年金税を集めるとよいでしょう。また，年金として毎月いくらくらい給付できるでしょうか。

- Ｎ県の人口はどれくらいか。特に，勤労者の年齢層や人口はどのくらいいるのか，年金支給対象者の年齢や人口はどのくらいいるのか。
- 勤労者の年齢層や収入はどのくらいあるのか。
- 県だけの資金ではなく，国からの援助はないのか。
- Ｎ県の人口分布はどうなっているのか。

児童から出た視点はそれぞれ何故それを考える必要があったのかを確認しながら進めていく。特に何を求めるのに必要なのかを明確にする。

全人口，勤労者の人口，勤労者の収入，年金が給付される人口が分かれば，年金のための徴収額の合計と支給額の合計が求まることに気づかせる。その上で，次の課題を提示する。

　N県では，県独自の新たな年金制度を作ろうとしています。

　N県の人口は約486万人，勤労者は21歳～60歳の7割で，その平均年収は約400万円です。

　勤労者からx％の年金税を集めて，その収入で61歳以上の人に毎月y万円の年金を給付する計画です。

　この計画は果たしてうまくいくでしょうか。

　ただし，平均寿命は80歳で，各年齢の人口は均等に分布しているものとする。

　0歳から80歳の人口は均等に分布していると仮定しているから，各年齢の人口を考えると，$486 \div 81 = 6$となるから，各年齢の人口は6万人とわかる。

　また，61歳以上80歳以下の人口は，$6 \times (80 - 60) = 120$となるから120万人とわかる。

　勤労者の人口は，21歳以上60歳以下の人の7割なので，$6 \times (60 - 20) \times 0.7 = 168$より，168万人とわかる。勤労者の人口が168万人で，その人たちの平均年収の400万円が年金を支給するための収入源であり，それを120万人に毎月支給するので，毎月の年金支給額y円を収入に対する年金税x％を使った式で表すと，

$$y = 400 \times (x \div 100) \times 168 \div 120 \div 12$$

　これを整理すると，$y = 0.4666... \times x$なので，$y = 0.46 \times x$と表せる。

　よって，yとxとの関係式は，$y = 0.46x$となる。

　この式を使って毎月の年金支給額を求める。年金税の税率を10％とするなら毎月4.6万円，年金税の税率を25％とするなら毎月11.5万円，年金税の税率を30％とするなら，毎月13.8万円の支給額となる。このことから，年金税の税率を25％とするとうまくいくかもしれない。

　県独自の年金税制度を導入した場合，年金税の税率をいろいろと変化させなが

ら，年金を給付される人のためのセーフティ・ネットという視点で考えて，年金支給額を求めることを検討させる。このことによって，年金税の税率を25%程度にしなければならないことを確認した後，得られた結果を本時の問題に戻って解釈し，適切であるかどうかを振りかえるために，次の課題を提示する。

> 求めた解を振り返って，いろいろ考察してみよう。

- 勤労者の平均年収を400万円としているが，実際の年収額が平均収入額よりも低い場合は年金税を25%も支払うとなると，その勤労者たちは大変になるのではないか。
- 61歳以上の人の中には，1人暮らし，2人暮らし，子どもと同居など，いろいろなケースがあるから，一律に1人いくらにする必要はないのではないか。
- 年金税を納める年齢を65歳にし，年金支給年齢を70歳以上にすればいいのではないか。

などの意見を，各自及びグループで振りかえらせる。

　単元の時間配分によっては，本時の振り返りをもとに，更なる疑問を問題としてその解決を図る。また，できれば作成したいろいろな問題とその解決の結果を伝え合う場を設定したい。

　第2時は，第1時の授業の振り返りから「年金税を納める年齢を65歳にし，年金支給年齢を70歳以上にすればいいのではないか。」を取り上げたいところである。果たして年金税の税率はどの程度まで下げることに成功し，うまく制度として成り立つかを考えさせる。年金のための徴収額の合計と支給額の合計が求まることに気づかせる。第1時の解決を振り返らせ，年金のための徴収額の合計と支給額の合計の収支バランスを考えたことに気づかせる。そこで，取り上げた疑問を次の問題として提示する。

> 　N県では，県独自の新たな年金制度を作ろうとしています。
> 　N県の人口は約486万人，勤労者は21歳〜60歳の7割で，その平均年収は約400万円です。
> 　勤労者からx%の年金税を集めて，その収入で66歳以上の人に毎月y万

円の年金を給付する計画です。

　この計画は果たしてうまくいくでしょうか。

　ただし，平均寿命は 80 歳で，各年齢の人口は均等に分布しているものとする。

　0 歳から 80 歳の人口は検討に分布していると仮定しているから，各年齢の人口を考えると，$486 \div 81 = 6$ となるから，各年齢の人口は，6 万人とわかる。

　また，66 歳以上 80 歳以下の人口は，$6 \times (80 - 65) = 90$ となるから 90 万人とわかる。

　勤労者の人口は，21 歳以上 60 歳以下の人の 7 割なので，$6 \times (60 - 20) \times 0.7 = 168$ より，168 万人とわかる。勤労者の人口が 168 万人で，その人たちの平均年収は 400 万円が年金を支給するための収入源であり，それを 90 万人に毎月支給するので，毎月の年金支給額 y 円を収入に対する年金税 x ％を使った式で表すと，

$$y = 400 \times (x \div 100) \times 168 \div 90 \div 12$$

　これを整理すると，$y = 0.622222... \times x$ なので，$y = 0.62 \times x$ と表せる。よって，y と x の関係式は，$y = 0.62x$ となる。

　この式を使って毎月の年金支給額を求める。年金税の税率を 10％とするなら毎月 6.2 万円，年金税の税率を 15％とするなら毎月 9.45 万円，年金税の税率を 17％とするなら，毎月 10.54 万円，年金税を 18％とするなら，毎月 11.16 万円の支給額となる。このことから，年金税の税率を 18％にするとうまくいくかもしれない。

　また，年金給付の年齢を 61 歳から 66 歳に引き上げると同程度の年金支給額で，年金税の税率を 25％から 18％までの 7％程度の引き下げが可能になることがわかる。

　年金税の税率を 25％から 7％引き下げて 18％にできることを確認した後，得られた結果を本時の問題に戻って解釈し，適切であるかどうかを振りかえるために，次の課題を提示する。

求めた解を振り返って，いろいろ考察してみよう。

- このように年金支給年齢を引き上げることは有効である。定年の引き上げに伴って，勤労者人口が65歳になったらどうなるだろうか。
- 収入に応じて，年金税の税率を変えるとどのようになるだろうか。

など，各自及びグループで振りかえらせる。

　前時と本時の振り返りをもとに，疑問を更なる問題としてその解決を図らせたい。また，できれば作成したいろいろな問題とその解決の結果を伝え合う場を設定したい。

研究課題

1. 数学的モデリングとは何かを，数学的モデルと数学的モデリング過程という言葉を使って説明しなさい。また，従来の算数・数学の授業と数学モデリングを取り入れた授業との違いについて述べなさい。
2. 数学的モデリングを数学教育に取り入れる意義について，簡潔に述べなさい。
3. 算数科における数学モデリングの教材を考え，指導の要点を踏まえた学習指導案を作成しなさい。

引用・参考文献

三輪辰郎（1983）「数学教育におけるモデル化についての一考察」，筑波数学教育研究，第2号，pp.117-125

柳本哲（2011）『数学的モデリング　本当に役立つ数学の力』明治図書，東京，pp.15-20

Blum, W. & Leiβ, D.(2007), How do you students and teachers deal with modelling problem? In C. Haines et al.(Eds), *Mathematical modelling, Education, engineering and economic,* Chichester, Horwood, pp.222-231,

Blum, W.(2011), Can modelling be taught and learnt? Some answers from empirical research. In G. Kaiser, W. Blum, R.B. Ferri, G. Stillman (Eds), *Trends in Teaching and Learning of Mathematical Modelling,* New York,

Springer, pp.15-30

中央教育審議会「幼稚園, 小学校, 中学校, 高等学校及び特別支援学校の学習指導要領
　　等の改善及び必要な方策等について（答申）」

　　平成 28 年 12 月 21 日

柳本哲編著(2017)『数学的モデリングの入門教材　関西編』, （株）谷印刷所, 京都,
　　pp.5-17, pp82-89

環境と平和の NPO 法人『地球村』, 5 分で分かる砂漠化

　　ホームページ, 2022 年 7 月 31 日閲覧,

　　https://chikyumura.org/2016/11/desertification.html

農林水産省 (2007)「世界の食糧需給の現状」

　　ホームページ, 2022 年 7 月 31 日閲覧,

　　http://jaicaf.or.jp/news/lecture_6_2007-1.pdf

第II部

算数教育の内容

第6章

数と計算の教育

本章では，小学校算数科における「数と計算」の教育について述べる。
第1節では，「数と計算」領域における児童の認識について言及する。
第2節では，「数と計算」領域の算数の内容について解説する。第3節
では，「数と計算」領域における具体的な教育実践例について紹介する。

6.1 「数と計算」領域における児童の認識

第1節では，まず，小学校算数科の「数と計算」領域における指導の要点を整
理する。次に，日本国内の代表的な学力調査として，2016年度以降の「全国学力・
学習状況調査」の結果を概観し，「数と計算」領域における児童の認識について
言及する。

6.1.1 「数と計算」領域における指導の要点

2020年度から全面実施となった小学校算数科の「数と計算」領域では，数，計算，
文字，文字式などの教育内容が扱われるが，これらの指導の際に重要なこととし
て，横地（1978）と黒田・岡本（2011）の指摘をまとめると，次の4点となる。

【指導の要点】

① 整数，分数，小数の意味と構造（大小関係，演算，連続性），およびそれ
らの関係性について理解すること。

② 整数，分数，小数の四則計算の習熟，およびその仕組みについて理解すること。

③ 文字・文字式のもつ意味や役割，およびそれらの関係性について理解すること。

④ 実際の問題場面への数と計算の応用と，概算や解答の妥当性を検証する力を身につけること。

①・②・③については，児童に計算問題を解けるようにすることがゴールではなく，数，文字，式が持つ意味や計算方法の仕組みを理解したり，それらを他者に説明したりできるような力の育成が重要であることを指摘しているのである。実際，中・高等学校になれば，数の概念やそれらの関係性についての抽象的な理解がより一層求められるようになるため，小学校段階から抽象的な数学への意識が向くような指導を心がける必要がある。

④については，実際の問題に数と計算の知識や技能を活用して解決に取り組むといった「数学的活動」を通して，児童が算数と実生活とのつながりを実感できるような学習が重要である。さらに，コンピュータや計算機の普及に伴う今日にあっては，素早く正確に計算する能力の育成に加えて，概算で答えを予測することや，解答が合っているかなどを検証するといった力の育成が大切になってくる。

小学校算数科の「数と計算」領域は，他の領域に比べて最も指導時間数が多く，他教科や中・高等学校で学ぶ数学の基礎的な土台を担うものである。教壇に立つ教師は，①〜④の指導の要点を踏まえ，「数と計算」の系統的な縦と横とのつながりや，各学年での児童の認識はどうであるかを把握・理解し，日々の算数授業を実践・検証していくことが大切である。

6.1.2 「数と計算」領域における調査結果

6.1.1 項で述べた「数と計算」領域の指導の要点（①〜④）における児童の認識について，2007 年度から毎年実施されている「全国学力・学習状況調査」の調査結果をもとに解説する。なお，③に関する調査結果については，主に中学校数学で実施されているためここでは割愛する。

(1) 数の意味と構造の理解（指導の要点①）

整数，分数，小数の意味と構造に関する児童の認識を述べる。

整数の意味と構造については，第1学年で1・2桁，第2学年で3・4桁の整数の構成や表し方を学習する。整数は0から9までの10個の数字とその位置取りによって数が決まる十進位取り記数法に基づくが，これらの理解について児童の認識はどうであろうか。2018年度に実施された算数Aの③では，図6.1のような3桁の整数の大小を比較する問題が出題されている。整数同士の大小比較は第2学年に該当する。調査結果について，2018年度の全体平均正答率（算数A）は63.7%となっており，正答率は76.5%であった（正答は「6, 7, 8, 9」の4つ）。誤答の中で最も多かったのは，「7, 8, 9」の3つのみを解答しているものであり，16.2%が該当した。児童は十の位の数字に着目できているが，一の位の数字も含めて大小比較ができていないことが考えられる。

```
3

    次の3けたの整数の大きさを比べます。

            562        5□3

    上の3けたの整数 5□3 の十の位には，まだ数字が入っていません。
    5□3 が 562 よりも大きい数になるとき，□には，どのような数字が
あてはまりますか。
    0から9までの中で，あてはまる数字をすべて書きましょう。
```

図6.1　整数の仕組みの理解（2018年度）

また，2016年度に実施された算数Aの③(1)では，「① 75□25，② 104□112 のそれぞれの大小を比べて，□に入る不等号を答える」という問題が出題された。整数同士の大小比較は第2学年，不等号を使った表し方は第3学年が該当する。調査結果について，2016年度の全体平均正答率（算数A）は77.8%となっているが，正答率は96.9%とかなり高く，大半の児童が数の大小関係を不等号で表すことができていた。調査結果を踏まえると，十進位取り記数法で表される整

数の仕組みの理解は十分でないことが予想される。

　分数の意味と構造については，第2学年から分数の構成や表し方を学習する。分数は整数や小数のように左右ではなく，$\frac{2}{3}$や$\frac{3}{2}$のように，上下の数字の位置関係で決まるため，分数同士の大小比較や四則計算に伴う意味の理解が容易ではない（黒田 2017）。

　小数の意味と構造については，分数の考え方をもとに第3学年から学習する。小数は整数と同様に十進位取りの構造を持つものの，例えば，1の次に大きい整数は2と求められるが，1の次に大きい小数は決められないといったように，整数は離散量で小数は連続量という両者の違いを意識した指導が大切となる（黒田 2022）。

　したがって，児童に数（整数，小数，分数）の意味や構造を理解させるためには，日々の算数授業において，「具体」と「抽象」を往還できるような作業的・体験的な活動を取り入れた指導を行なっていくべきである。

(2) 数の四則計算の習熟と理解 （指導の要点②）

　数（整数，小数，分数）の四則計算の習熟や計算方法の理解に関する児童の認識を述べる。

　まず，基本的な四則計算の習熟に関する児童の認識はどうであろうか。2017年度に実施された算数Aの $\boxed{2}$ では，(1)123×52, (2)10.3＋4, (3)6＋0.5×2, (4)5÷9の商を分数で表す，といった問題が出題された。(1)の整数の乗法は第2学年，(2)の小数と整数の加法は第4学年，(3)の四則混合の整数と小数の計算は第4学年，(4)の商分数は第5学年が該当する。調査結果について，2017年度の全体平均正答率（算数A）は78.8％となっており，それぞれの正答は(1)85.3％，(2)79.9％，(3)66.8％，(4)69.4％であった。これらの結果から，数と四則が混合した計算と，わり算の商を表すための分数の理解が十分でないことがわかる。

　次に，数の四則計算の理解に関する児童の認識はどうであろうか。2019年度に実施された算数の $\boxed{2}$ (4)では，図6.2のような四則混合の整数と小数の計算に関する問題が出題されている。この内容は第4学年が該当する。調査結果について，2019年度の全体平均正答率は66.7％となっており，正答率は60.4％であった（正答は「7」）。上述した2017年度実施の算数Aの $\boxed{2}$ (3)と同じ計算が出題

されたが，正答率は 6.3 ポイント減少した。誤答で最も多かったのは，「13」と解答しているもので 22.5% が該当した。誤答の理由は，小数や整数の四則計算において，0.5 × 2 の乗法を先に計算せずに，左から順に 6 + 0.5 の加法を計算していることが挙げられる。このように数の四則計算の理解に関する児童の認識は，四則計算の順序のきまりを理解する点，具体的な場面（洗顔と歯磨きで使う水の量）をもとに，求めた答えや式の正しさを確かめる点で十分ではない。

図 6.2　小数や整数の四則計算（2019 年度）

　続いて，整数の四則計算の中で意味理解が難しいとされる除法に関する児童の認識はどうであろうか。2021 年度に実施された算数の 4 (1) では，図 6.3 のような（整数）÷（整数）の結果をもとに，設定された場面に見合うように解釈して答えを求める問題，4 (2) では，文章題から（整数）÷（整数）と立式して答えを求める問題が出題されている。(1) の余りのある整数同士の除法は第 3 学年，(2) の商が小数になる整数同士の除法は第 4 学年が該当する。調査結果について，2021 年度の全体平均正答率は 70.3% となっており，(1) の正答率は 83.1% であった（正

こはるさんたちは，今までに学習してきた，いろいろなわり算の問題について ふり返っています。

(1) ボールが 23 個あります。1 箱にボールを 6 個ずつ 入れていきます。

全部のボールを箱に入れるには，何箱あればよいかを求めるために， 下の計算をしました。

$$23 ÷ 6 = 3 \text{ あまり } 5$$

全部のボールを箱に入れるには，少なくとも何箱あればよいかを書きましょう。

(2) 8 人に，4 L のジュースを等しく分けます。 1 人分は何 L ですか。求める式と答えを書きましょう。

図 6.3　整数の除法の意味理解（2021 年度）

答は「4」）。多くの児童は，計算で生じた余りを考慮して答えを求めることができたといえる。一方，(2)の正答率は 55.7 %（正答は「$4 ÷ 8 = 0.5 \left(=\frac{1}{2}\right)$」）であり，(1)と大きく差が開いた。(2)の誤答については，「$8 ÷ 4 = 2$」と解答しているものが 36.0 % と多く，児童は実際の問題場面から数量を抜き出し，わられる数とわる数の数量関係を正しく捉えて立式することに課題があるといえる。

　最後に，小数の除法の意味理解に関する児童の認識はどうであろうか。2018 年度に実施された算数 A の 2 では，図 6.4 のような(整数)÷(小数)の式で求められる文章題を選択する問題が出題されている。小数の乗法・除法は第 5 学年で学習する。調査結果について，2018 年度の全体平均正答率（算数 A）は 63.7 % となっており，正答率は 40.1 % であった（正答は「選択肢 2, 4」）。誤答の中で最も多かったのは，「選択肢 1, 4」の 2 つを解答しているもので 21.4 % が該当した。選択肢 1 について，比べる量を求める際には，$12 × 0.8 = 9.6 \text{(m)}$ と乗法を用いるのが正しいが，比べる量を除法で求められると誤った捉え方をしている。このことから，小数の乗法と除法の意味を正確に理解した上で，問題場面と対応関係を示すことができない児童が多いことがわかる。

2

答えが 12 ÷ 0.8 の式で求められる問題を，下の **1** から **4** までの中から
すべて選んで，その番号を書きましょう。

1 1 m の重さが 12 kg の鉄の棒があります。
　　この鉄の棒 0.8 m の重さは何 kg ですか。

2 0.8 L で板を 12 m² ぬることができるペンキがあります。
　　このペンキ 1 L では，板を何 m² ぬることができますか。

3 赤いテープの長さは 12 cm です。
　　白いテープの長さは，赤いテープの長さの 0.8 倍です。
　　白いテープの長さは何 cm ですか。

4 長さが 12 m のリボンを 0.8 m ずつ切っていきます。
　　0.8 m のリボンは何本できますか。

図 6.4　小数の除法の意味理解（2018 年度）

　したがって，数の四則計算の技巧的な習熟に終始するのではなく，計算により
得られた結果を具体的な場面と対応させて確かめる活動を取り入れるなどして，
実感を伴った理解を図ることが大切である。

(3) 実際の問題場面への応用（指導の要点④）

　実際の問題場面への数と計算の応用に関する児童の認識について述べる。

　日常生活の場面に数と計算の知識や技能を活用することに関する児童の認識は
どうであろうか。2018 年度に実施された算数 B の $\boxed{5}$ (1) では，図 6.5 のように
根拠を明確にし，それを式や言葉を用いて説明する問題，$\boxed{5}$ (2) では，図 6.6 の
ような折り紙の輪の色を求める際に，数の規則性を見出しそれに見合う色を 4 色
の中から選択して解答する問題が出題されている。(1) の整数の乗法・除法は第
2 ～ 4 学年，(2) の個数を数えるのは第 1 学年，数の合成・分解は第 2 学年，整
数の除法は第 3・4 学年，整数の性質（倍数・約数）は第 5 学年が該当する。

　調査結果について，2018 年度の全体平均正答率（算数 B）は 51.7％となっており，
(1) の正答率は 43.5％であった（正答は割愛）。誤答については，輪かざりの本数，

必要な折り紙の枚数，折り紙の輪の個数といった複数の情報から，数量関係を的確に捉えて，文脈に見合う説明ができていなかった。無回答が16.5％もいたことを踏まえると，問題場面の把握ができていないこと，数や式を用いて自身の考えを説明することに課題があるといえる。次に，(2)の正答率は66.7％であった（正答は「選択肢2」）。4番目と8番目の色が緑色であることから，28番目も緑色になると予想し，29番目は赤色，30番目は青色と判断すれば求めることができる。誤答の傾向からも，日常の事象から数量を抜き出して規則性や関係性を考察すること自体の学習経験が十分でなく，そうした問題自体に苦手意識を持っている児童も一定数いることが予想される。

したがって，これらの課題の克服には，日常生活や社会事象に関する問題を算数の知識や技能を使って解決するための「数学的活動」が必要不可欠であると考える。具体的には，現実の場面から抽象化を行って数や式などで表現する活動，そこで得られた結果を現実の場面に置き換える活動，これら一連の過程を他者に説明する活動などを丁寧に指導するようにしたい。

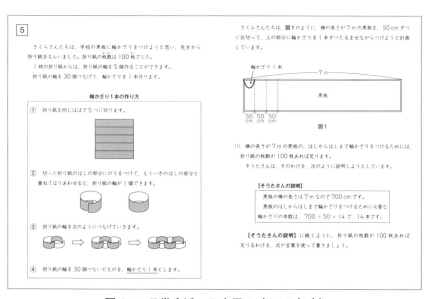

図6.5　日常生活への応用1（2018年度）

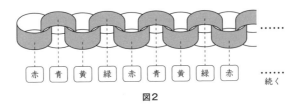

もらった折り紙は，赤，青，黄，緑の4色が，それぞれ同じ枚数ずつありました。

さくらさんは，折り紙の輪を，**図2**のように，赤，青，黄，緑の順にくり返してつなげ，輪かざり1本を作ってみました。

図2

(2) 上の**図2**のように，1個目の折り紙の輪の色を赤にして，輪かざり1本を作ったとき，30個目の折り紙の輪の色は何色ですか。

下の **1** から **4** までの中から1つ選んで，その番号を書きましょう。

1 赤

2 青

3 黄

4 緑

図 6.6　日常生活への応用 2（2018 年度）

6.2 「数と計算」領域における算数の内容

第2節では，小学校算数科の学習指導要領（2017 年度告示）における「数と計算」領域の目標と教育内容について整理し，これらの指導内容の土台となる算数・数学の内容について解説する。

6.2.1 「数と計算」領域の目標

6.1 節で述べたように，小学校算数科の「数と計算」領域の指導では，数，計算，文字，文字式の意味や構造を理解したり，それらを実際の問題場面に応用したりすることのできる力の育成が求められている。数学教育学の先行研究や国内学力調査の「全国学力・学習状況調査」の結果を踏まえると，児童に身に付けさせたい能力は，次の5点が挙げられる。

【児童に身に付けさせたい能力】

① 整数，分数，小数の意味と構造（大小関係，演算，連続性），および
　それらの関係性を理解すること。
② 整数，分数，小数の四則計算の習熟と仕組みの意味を理解すること。
③ 文字・文字式のもつ意味や役割，文字を含めた式の表現の仕方を理解
　すること。
④ 問題の答えを概算で予測することや，答えの妥当性を確かめる方法を
　理解すること。
⑤ 実際の問題場面に対して，数と計算の知識や考え方を応用すること。

6.2.2 「数と計算」領域の教育内容

　2020 年度から全面実施された小学校算数科学習指導要領（文部科学省 2018）に記されている「数と計算」領域の各学年の主な教育内容をまとめると，表6.1 のようになる。主に，「整数」は第1学年から第5学年まで，「小数」は第3学年から第5学年まで，「分数」は第2学年から第6学年まで扱われる。これらに応じて数の四則計算も段階的に設定されているため，数の意味と構造，四則計算の仕組みの双方の理解を図ることのできる指導内容を検討することが大切である。

6.2.3 「数と計算」領域の指導内容

　ここでは，「数と計算」領域の指導内容について，表6.1 の学年の指導場面とその背景にある算数・数学の扱いをセットで解説する。そうした理由は，算数科の学習内容と数学との関連性や，実際の指導でどのように工夫・改善できるのかを理解することが，高い専門性を有した力量の育成につながると考えたからである。

(1) 第1・2学年の指導内容

A. 数の構成と表し方

　第1学年のはじめには，10 までの数の構成と表し方を学習する。児童は，数の意味を理解することが容易ではなく，数の大きさを見た目で判断してしまう傾

表 6.1 「数と計算」領域の各学年の主な内容

学年	数と計算
第 1 学年	• 数の構成と表し方（1 ～ 2 位数） • 加法，減法（1 位数）
第 2 学年	• 数の構成と表し方（3 ～ 4 位数，分数も含む） • 加法，減法（2 位数） • 乗法（1 位数）
第 3 学年	• 数の表し方（万の単位） • 加法，減法（3 ～ 4 位数） • 乗法（2 ～ 3 位数） • 除法（1 位数） • 小数の意味と表し方（$\frac{1}{10}$ の位） • 分数の意味と表し方 • 数量の関係を表す式（□を用いた式） • そろばん
第 4 学年	• 整数の表し方（億，兆の単位） • 概数と四捨五入 • 除法（2 ～ 3 位数） • 小数の仕組みとその計算 • 同分母の分数の加法，減法 • 数量の関係を表す式（□，△などを用いた式） • 四則に関して成り立つ性質 • そろばん
第 5 学年	• 整数の性質（偶数，奇数，約数，倍数） • 整数，小数の記数法 • 小数の乗法，除法 • 分数の意味と表し方 • 分数の加法，減法（分数と小数，小数の関係，分数の相等，大小など） • 数量の関係を表す式
第 6 学年	• 分数の乗法，除法 • 文字を用いた式

(出典：文部科学省 (2018) のものを要約)

向にある。例えば，サルが 3 匹とゾウが 3 頭いた場合，ゾウの方がサルよりも体長が大きいため，児童はゾウの数が多いと判断してしまうということである。そこで，実際の指導では，サルとゾウのイラストをそれぞれ線で結ぶ，半具体物のブロックを使ってイラストに重ねる，ブロックを並べて比べるなどの操作活動を

通して，数の大きさが区別できるようにするのである。

　この指導の背景にある数学の内容は，集合である。集合とは範囲が明確なものの集まりのことであり，それを構成している一つ一つのものを要素と呼ぶ。例えば，サル全体の集合は，{サル A，サル B，サル C}，ゾウ全体の集合は，{ゾウ A，ゾウ B，ゾウ C} と書き表すことができる。図6.7のように，児童は集合をイラストという具体の世界から視覚的に学ぶ。また，数学の世界にある抽象的な {1, 2, 3, …} という自然数全体の集合は，数を唱えることを通して形式的に知る。双方をブロックの操作活動による１対１の対応を通して，形・位置・大きさに依存することなく，サルもゾウの数も「3」と考えることを理解するのである。「3」のように数を表現するための記号を「数字」，「さん」のように数の読み方を「数詞」，数を唱えることを「数唱」という。

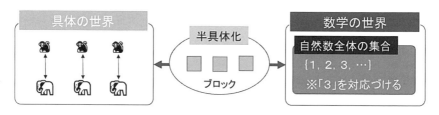

図 6.7　数の１対１対応

　大切なことは，集合の考え方をもとに，数字や数詞を学ばせないことには，数の本質的な理解にはつながらないということである。つまり，児童が１〜10の数が書けたり読めたりしても，3は2よりも１大きい数であることを理解できているとは限らないのである。これらは，加減法の計算を行う際の素地となる「数の分解・合成」の理解にも直結するため的確な指導が求められる。発展的な扱いとして，要素をひとつももたない集合としての空集合がある。例えば，その場所にウサギがいない場合は，数がないのではなく数字の0が対応することを併せて指導するとよい。

　以上では，集合の要素を表す数としての「集合数」を説明した。この後には，「一列に並べたサルの右から３番目」のような位置を表す数の「順序数」も扱われる。数の意味を明確にするためには，順序の最後の数が集合数を表すなどの相互の関

係性を認識させる指導が大切である（黒木 2009）。

B. 加法，減法の意味

第1学年では，数の構成と表し方（集合数と順序数）の後に，整数の加法を学習する。ここでは，加法の意味の「合併」と「増加」を取り上げる。

合併については「リンゴが3個とミカン2個がある。これらの果物は合わせていくつか。」のような場面をもとに加法を導入する。同時に存在する2つの要素の個数を併せたものを「合併」という。合併の指導では，両手でブロックを同時に合わせるという操作活動を行った上で，加法の式3 + 2を導入し，その答えが5になることを学習する。

増加については「リンゴが3個あってミカンを後から2個加えたとき，果物は合わせていくつか。」のような場面を導入する。はじめにあった集合の要素に，時間的な経過を伴って集合の要素を追加したときの全体の大きさを求めるものを「増加」と呼ぶ。増加の指導では，片手でブロックを後から追加する操作活動を行い，合併とは場面設定が異なることをおさえる。その場合でも式3 + 2で表せ，答えが5になることを学習する。

この指導の背景にある数学の内容は，集合の考え方である。結論から言えば，具体の世界では，合併と増加の場面設定に違いは見られるものの，数学の世界では，加法に違いは見られないのである。この主張については，図 6.8 をもとに説明する。まず，図内の左部のように，具体の世界にはリンゴとミカンがある。これを数学の世界では，それぞれの個数が3と2に対応づけられる（(1)のAで既習）。次に，図内の中央のように，具体の世界には合併や増加があり，ブロックの操作活動を通して各場面の違いを学ぶ。続いて，これらを数学の世界ではどちらも加法として表すことができ，3 + 2と書く。そして，図内の右部のように，答えを求めるために具体の世界に戻ると，この場合は果物全体の集合の要素の個数は5に対応づけられる（(1)のAで既習）。最後に，これらの計算の過程と結果を数学の世界では，3 + 2 = 5と書く。本来，3 + 2 = 5は証明されるべき事柄ではあるが，具体の世界に戻って説明することをもって証明に置き換えているのである。

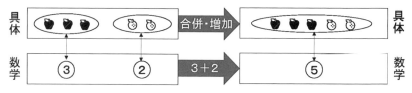

図 6.8　合併と増加の考え方

　この他にも，加法の意味には，ある数量との差を利用して大きい方の数量を考える「求大」，順序を考える「順序数を含む加法」がある。さらに，減法の意味にも，合併と対応する「求補」，増加と対応する「求残」，求大と対応する「求小」，そして「順序数を含む減法」がある。これらの加減法が持つ意味の指導にあたっては，具体の世界での場面設定の違いに特化するだけでなく，押さえるべき算数の内容が疎かにならないようにしたい。

C. 減法の方法

　第1・2学年では，繰り下がりのある加法・減法について学習する。ここでは，減法の方法としての「減加法」と「減々法」を取り上げる。

　「あめが14個ある。5個食べた。あめは何個残っているか。」のような求残の場面をもとに減加法と減々法を導入する。いずれの方法も図6.9のようにブロックの操作で考えることができる。減加法では，被減数（引かれる数）の14を10と4に分解する。そして，「① 10のかたまりから減数（引く数）の5を引くと残りは5」，「②残った5とばらの4を足すと9」と求める。筆算の考え方にもつながるものであるが，減法であるのに加法を扱うところに難しさがある。一方，減々法では，減数の5を4と1に分解する。そして，「①被減数の14から分解した4を引くと残りは10」，「②かたまりの10から分解した1を引くと9」と求める。減法を2回繰り返して答えを求められるが，かたまりの10を作るところに難しさが生じる。

　これらはどちらの方法が良いか，どちらが分かりやすいかなどで捉えるのではなく，ブロックの操作活動が第2学年で学ぶ筆算への橋渡しを担うという視点で指導にあたることが重要である。また，ブロックの操作活動は児童にとって楽しい活動ではあるが，随所にノートに書く活動も織り交ぜることで，確かな内容理解を図っていくことが大切である（黒田 2022）。

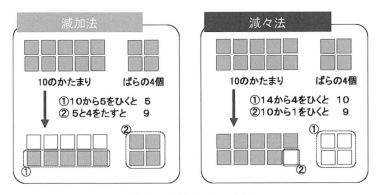

図 6.9　減加法と減々法

D. 乗法の意味

　第 2 学年では，2 つの数量の乗法について学習する。ここでは，乗法の意味として，「同数累加」，「倍概念」，「新しい量」を取り上げる。

　一つ目は，「1 枚 8 円の色紙を 5 枚買うとき，合計何円になるか。」のような，（1 つ分の数）×（いくつ分）＝（全体の数）を表す考え方に基づくものである。第 2 学年では，8 つの 4 つ分を式で 8 × 4 と表して，その答えを 8 ＋ 8 ＋ 8 ＋ 8 ＝ 32 と，同じ数を何回も加える方法としての「同数累加」で求める。これは，第 1 学年で学んだ整数の加法をもとにした考え方であり，加法から乗法への橋渡しをする上で大切な役割を担う。

　二つ目は，「長さが 5cm の消しゴムがある。2 個分の長さは何 cm か。」のような，（もとにする数）×（倍）＝（全体の数）を表す「倍概念」の考え方に基づくものである。第 2 学年の指導では，5cm の 2 つ分のことを 5cm の 2 倍ということを知り，5 × 2 ＝ 10 の乗法の式で表す。答えを求める際は，上述した 5 ＋ 5 ＝ 10 のように同数累加の考え方から，後に 5 × 2 ＝ 10 のように九九の構成へと指導が切り替わる。

　三つ目は，「縦が 6cm，横が 5cm の長方形の面積はいくつか。」のような，（量）×（量）＝（異種の量）を表す「新しい量」の考え方に基づくものである。これらの指導は，第 7 章でも取り上げられている「図形」領域で学習するものである。

　九九の指導については，例えば，5 → 2 → 3 → 4 → 6 → 7 → 8 → 9 → 1 の段の順で扱われる。指導の目標は，児童に九九表を覚えさせて最終的にすらすらと唱

えられるようにすることである。しかし，終盤で扱う7〜9の段は特に難しく，児童の集中力を持続させることも容易ではない。例えば，7の段はカレンダー，8の段はたこ焼きの舟皿，9の段はお菓子用の箱など身近な生活場面を取り上げて，九九表を作る活動を取り入れるようにしたい。発展的な扱いとしては，九九表からきまりを見つける活動がある。例えば，「$4 \times 5 = 5 \times 4$ のように，かける数とかけられる数を入れ替えて計算しても答えは同じになる」，「$4 \times 3 = 4 \times 2 + 4$ のように，かける数が1増えると，答えはかけられる数だけ増える」など，きまりから答えを見つける習慣をつけることが大切である。特に，後者は第3学年での九九や，整数の除法の学習にもつながるため，その式自体が持つ意味を丁寧に指導するようにしたい。

(2) 第3・4学年の指導内容

A. 除法の表し方と意味

第3学年では，整数の除法について学習する。ここでは，除法の表し方とその意味としての「等分除」と「包含除」を取り上げる。

除法の表し方について，小学校算数では「$35 \div 9 = 3$ あまり8」や「$35 \div 9 = 3 \cdots 8$」などと表すが，数学では「$35 = 9 \times 3 + 8$」と等式での表し方を学び直す。前者は便宜的な表記であるため，例えば「$29 \div 7 = 3$ あまり8」と「$35 \div 9 = 3$ あまり8」の商と余りがそれぞれ等しくなった場合に，「$35 \div 9 = 29 \div 7$」と誤った等式を導いてしまう可能性がある。この指導の背景にある数学は，整数の除法の原理である。除法の原理を児童に意識させるためには，余りを割る数より必ず小さくするといった指導が必要である。実際に，「35を9で割ったときの商が2，余り17」や「35を9で割ったときの商が1，余りは26」などが作り出せるため，商と余りがただ一組に決まらないことに気づかせるようにしたい。

除法の意味としての「等分除」と「包含除」を説明する。等分除については，「8枚のガムを2人で同じ数ずつ分けると，1人分は何枚になるか。」のような場面を提示する。全体の数を同じ数だけ分けたときの1つ分の大きさを求めるものを「等分除」と呼ぶ。実際，児童は半具体物を操作しながら図6.10の上部のように1人分は4個ずつに分けられることを確認し，除法の式 $8 \div 2 = 4$ で表せることを知る。次に，半具体物を使わずに答えを求めるために，$\square \times 2 = 8$ になる $\square$ を九九

表から見つけることで，除法は乗法と逆の関係にあることをもとにして指導する。

　包含除については，「8枚のガムを1人に2枚ずつ分けると何人に分けられるか。」のような場面を提示する。全体の数を1つ分の大きさで分けたときにいくつ分できるかを求めるものを「包含除」と呼ぶ。実際の指導では，図6.10の下部のように等分除と同様の流れで，$2 \times \triangle = 8$になる$\triangle$を見つけながら，等分除との意味の違いにも気づかせる。1人分に配るといった等分除は児童にとっても理解しやすいが，何人に配れるかといった包含除の意味を理解させるのが難しい。おはじきによる操作を通して図でまとめたり，説明したりするような活動も併せて行う必要がある。

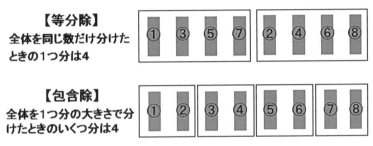

図6.10　等分除と包含除

B. 小数の表し方と仕組み

　第3学年では，小数の表し方と仕組み，および簡単な小数の加減を学習する。指導では，123.4の構成について位取り板や数カードなどを使って，各位の数字が$10^2, 10^1, 10^0, \frac{1}{10}$の束の数を表していることを理解させる。その後，数直線を使って小数同士を大小比較させたり，整数の筆算をもとにして簡単な小数の加減を求めたりする学習に取り組む。整数や小数は，0～9までの10個の数字を用いて数の大きさを表す10進法を拠りどころにしている。数字を左から順に並べて書いたときに，各位の位置によって数が決定することの理解が大切である。

　この指導の背景にある数学の内容は，十進位取り記数法である。自然数125は，$125 = 1 \times 10^2 + 2 \times 10^1 + 5 \times 10^0$，小数0.125は$0.125 = 1 \times \frac{1}{10^1} + 2 \times \frac{1}{10^2} + 5 \times \frac{1}{10^3}$と自然数と同じように表せる。普段，数を表すときは各位の束は省略し，束の数のみを取り出して数を表すことができるといった有用性をしっかりと押さえるようにしたい。さらに発展的な扱いとして，小数点以下の数が有限個である

小数は必ず分数で表せることが挙げられる。例えば，小数 0.8 を分数で表すためには，$\frac{0.8}{1} = \frac{8}{10} = \frac{4}{5}$ のように分母と分子を整数に直して約分すればよく，複雑な小数を分数で簡単に表せることに気付かせることができる。また，小数点以下の数が無数に多く存在する小数は，分数で表すことができるもの（$0.3333\cdots = \frac{1}{3}$）と，できないもの（無理数 $\pi = 3.141592\cdots$）がある。これらは，第 5 学年での分数と小数，整数の関係を調べてまとめる学習につながっていくものである。

C. 分数の意味

　分数は，第 2 学年から第 6 学年にかけて細分化した指導がなされる。特に第 2 ～ 4 学年の指導では，分数の表し方，意味，大小比較，同分母分数の加減の計算などの基本的な内容が扱われる。

　児童が分数を理解することの難しさについて，黒田(2017)は次の 3 点を指摘している。一つ目は，分数の表し方が，整数のように左右に数字を並べるのではなく上下に数字を並べることにある。二つ目は，分数の大きさが左右ではなく，上下の位置関係で決まることにある。例えば，3 と 4 の数字を用いた場合，34<43 のように左側に置いた数字が大きいほうが整数として大きくなるが，$\frac{4}{3} > \frac{3}{4}$ のように，上側の数字が大きいほうが分数として大きくなる。また，$\frac{3}{4} > \frac{3}{5}$ のように，分子が同じ場合は分母の数が小さいほうが分数として大きくなるという分数特有の難しさがある。三つ目は，1<2，1<3 のように 1 よりも大きい 2 つの数を用いて，1 よりも小さい分数 $\frac{2}{3}$ を作ることである。また，$\frac{2}{3} = \frac{4}{6} = \frac{6}{9}$ のように同じ分数を無数に作れることによる複雑さが増えてしまうため理解が困難となる。

　分数の意味としては，大きく次の 5 つがあるため，分数を扱う場面に応じて，その意味理解を確かなものにしていくことが大切である。

【分数の意味】

　分割分数：あるものを分割したうちのいくつ分を表す分数

　量分数：単位がついた量を表す分数

　有理数としての分数：数を表す分数

　商分数：除法の結果を表す分数

　割合分数：他方の大きさの何倍かを表す分数

分割分数と量分数について，図6.11のように，第2学年で学ぶ「分割分数」では基準としている値が異なるために大小を比較したり，計算したりすることはできない。一方，第3学年で学ぶ「量分数」は，$\frac{1}{2}$ m や $\frac{1}{3}$ m と単位がつくため，量分数同士での大小比較が可能となる。

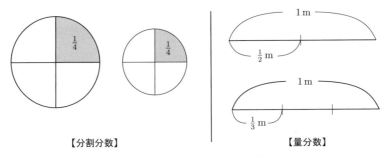

図 6.11　分割分数と量分数

　有理数としての分数は第3学年から学習する。児童は初めて$\frac{2}{3}$のような数を分数といい，2を分子，3を分母ということを学ぶ。ここでは，1よりも小さい分数としての真分数を扱う。分数と小数の関係については，$\frac{1}{10}$は 0.1 と等しい大きさの数であることを数直線上にその位置を示すことで理解する。第4学年では，1 より大きい分数を表すための仮分数と帯分数，数直線を利用して等しい分数を見つける内容も学習する。これらは後述する(3)のCでの分数の計算を行う上での素地となるものである。

　商分数と割合分数は第5学年から学習する。商分数については，1.5 や 0.125 のような有限小数はもちろんのこと，0.3333… を $\frac{1}{3}$ と簡単な整数を使って分数で表すことができる。児童は除法の結果を整数あるいは小数で表すことに慣れているため，分数を扱うことの有用性をしっかりと指導することが大切である。割合分数については，赤いリボンの長さ 4m は，青いリボンの長さ 3m の何倍かを分数で表す。割合，比，確率といった数量関係を考える際に有効であり，各場面でどのように扱われているのかを理解させることが重要である。

(3) 第5・6学年の指導内容

A. 倍数，約数

　第5学年では，整数の性質として偶数，奇数，倍数，約数を学習する。これらは，

異分母分数の計算を行う上での土台となる内容である。

　倍数の指導では，例えば，「0 から 20 までの整数で，2 で割り切れる数はどれか。」と選ばせて，2 で割り切れる整数と，2 で割り切れない整数の定義を学ばせる。次に，3 の倍数「3, 6, 9, 12, 15, ⋯」や 5 の倍数「5, 10, 15, 20, ⋯」などを列挙させ，共通する倍数にしるしをつけて 3 と 5 の公倍数と最小公倍数を学ばせる。3 と 5 の公倍数が最小公倍数である 15 の倍数になっていることへの理解に至らないと，分数の計算が定着しない可能性が高いので注意が必要である。約数の指導では，例えば，「10 本の花を，同じ数ずつ花瓶に入れる。余りがでないように入れるためには花瓶は何個必要か。」などの場面を提示し，10 を割り切れる数を見つけさせる。次に，10 の約数「1, 2, 5, 10」と 12 の約数「1, 2, 3, 4, 6, 12」を列挙させ，共通する約数にしるしをつけて 10 と 12 の公約数と最大公約数を学ばせる。10 と 12 の公約数は最大公約数 2 の約数になっていることの性質についても，倍数と同様に分数の計算を行う際の土台となるものである。

　これらの指導の背景にある数学の内容は，整数の倍数と約数である。倍数と約数は独立したものではなく，$a = b \times$（自然数）と一つの式で表すことができ，このとき a は b の倍数，b は a の約数とよぶ。例えば，10 の約数を求めたい場合は，10 を 2 つの整数の積の形に分解すればよいので，$10 = 1 \times 10$, $10 = 2 \times 5$, $10 = 5 \times 2$, $10 = 10 \times 1$ が挙げられ，1, 2, 5, 10 が答えとなる。

　さらに発展的な扱いとして，倍数の個数を求めさせる指導が考えられる。例えば，1 から 99 までの整数について，3 の倍数，5 の倍数の個数をそれぞれ求めさせて，図 6.12 のように図示させる。このとき，3 の倍数と 5 の倍数の両方に含まれる数を見つけることや，各倍数と公倍数の違いを言語で説明させる活動を取り入れることで，整数の性質や集合の考え方に関する深い理解が可能になると考える。

B. 小数の乗法

　第 5 学年では，小数同士の乗法と除法について学習する。いずれの計算においても，小数点の位置を間違える児童が多いと言われている。筆算を使った計算方法を教えるだけでなく，なぜこの計算方法で答えが求められるのかの根拠を述べることや，計算の妥当性を自ら確かめることができるように概算を扱うことが大切である。ここでは，小数同士の乗法のみを取り上げることにする。

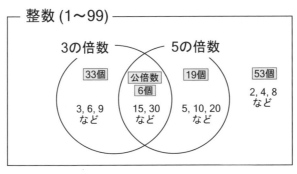

図6.12　倍数の個数をまとめた図

　7.9 × 0.32 を小数同士の各位を揃えて筆算で求めると，図6.13の左部のように
なる。最初の 9 × 2 を計算したものは，小数第1位(0.9)と小数第2位(0.02)を
かけるので，小数第3位の位置にくる。この方法は小数の位取り記数法の理解が
定着していないと正確に答えを求めることができない。そこで実際の指導では，
図6.13の右図のように，(整数)×(整数)に帰着させる方法で答えを求めさせて
いる。ただし，先述したように，(整数)×(整数)で 2528 と計算した後に，どの
位置に小数点をつければよいのかが分からなってしまう児童がいることに注意し
たい。

　この指導の背景にある数学は，等式の性質の考え方である。これについては，
7.9 × 0.32 の筆算の手順をもとに説明する。まず，7.9 を 10 倍して小数点の位置
を右に1つ動かし 79 に置き換える。次に 0.32 を 100 倍して小数点の位置を右に

【小数×小数】　　　　　　【整数×整数】

$$
\begin{array}{r}
7.9 \\
\times \ 0.32 \\
\hline
.158 \\
+ \ 2.37 \\
\hline
2.528
\end{array}
\qquad
\begin{array}{r}
79 \\
\times \ 32 \\
\hline
158 \\
+ \ 237 \\
\hline
2528
\end{array}
$$

図6.13　位を揃えたかけ算の筆算

2つ動かし32に置き換える。この段階で$7.9×0.32×1000＝79×32$と1000倍しているため，$7.9×0.32$の答えとは等しくならない。そこで，$(7.9×0.32×1000)÷1000＝7.9×0.32$と1000で割って小数点の位置を左に3つ動かすことで，もとの式に戻しているのである。

さらに，発展的な扱いとしては計算の妥当性を確かめるための「概算」がある。例えば，被除数の7.9を8と整数とし，除数の0.32を0.4と大きく見積れば$8×0.4＝3.2$となる。また，除数の0.32を0.3と小さく見積れば，$8×0.3＝2.4$となる。これらから$7.9×0.32$の答えが2.4から3.2の間になるという検討が計算をする前につくため，小数点の位置が異なるといった軽微な計算誤りを防ぐことにもつながる。概算の利用は，(小数)÷(小数)にも適用できるため，指導の中で積極的に扱うようにしたい。

C. 異分母分数の計算

第5学年では，異分母分数の加法および減法について学習する。異分母分数の計算では，乗法や除法の指導に重点が置かれがちであるが，その前に位置づく分数の加減の計算方法や意味の理解が容易でないため，段階を踏んだ丁寧な指導が求められる。ここでは，異分母分数の加法に着目して説明する。

実際の指導では，$\frac{1}{3}+\frac{1}{4}$の計算の仕方を考えさせるために，数直線を使って等しい分数$\frac{1}{3}=\frac{2}{6}=\frac{4}{12}$や$\frac{1}{4}=\frac{2}{8}=\frac{3}{12}$などを探す。そして，異分母分数の計算では，分母が揃えれば，分子同士を足すことで答えが求められることを理解させる。ここで児童がよく間違えるのは，$\frac{1}{3}+\frac{1}{4}=\frac{2}{7}$と分母と分子にある整数をそれぞれ足してしまうことである。この要因を考えてみると，児童が分数の意味を分割分数として捉えていることにある。分割分数は，(2)のCの図6.11で説明したように，量としての大きさがそれぞれ異なるために，分数同士の大小を比較したり，計算したりすることができない。そのため，異分母分数の計算では，分数の意味を量分数や有理数としての分数と捉え直して行うのである。

この指導の背景にある数学は，分数の加法の定義である。ここでは，数学の厳密な扱いではなく，数直線を用いた具体例を取り上げて説明する。図6.14のように，分数$\frac{1}{3}$と分数$\frac{1}{4}$を数直線上に表してみると①のようになる。これらを1つの数直線上に並べてみると，分母が異なるため異分母分数の加法が考えにくい。

そこで共通な分母の整数を最小公倍数で求めて分子の整数を対応させると，②のように，$\frac{1}{3}=\frac{4}{12}$，$\frac{1}{4}=\frac{3}{12}$ となる。ここで1つの数直線上に並べることにより，分数の加法で問われていることの意味がより明確になる。この段階までくれば，分数の分子同士を足せばよいことが分かるのである。指導の最初は分数の意味を捉えることが容易ではないため，量分数で具体的なイメージをつかませながら，徐々に有理数としての分数の加法に移行するのが良いと考える。なお，分数の加法に必要となる内容については，第3・4学年で学習済みではあるが，児童の実態に応じて復習する必要がある。

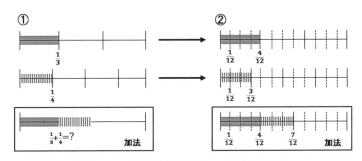

図 6.14　数直線上の異分母分数の加法

さらに発展的な扱いとして，帯分数を混ぜた異分母分数の計算が挙げられる。例えば，$1\frac{1}{2}+1\frac{1}{3}$ では，$\frac{3}{2}+\frac{4}{3}=\frac{9+8}{6}=\frac{17}{6}$ と帯分数を仮分数に直してから分数同士を計算しても答えを求めることができる。これとは別に，$2\frac{5}{6}$ と帯分数の整数同士と分数同士をそれぞれ計算してからでも，$2\frac{5}{6}=\frac{12}{6}+\frac{5}{6}=\frac{17}{6}$ と求めることができる。どちらの方法でも答えが求められる理由を考えて説明できるようになることは，整数と分数の計算の関係性の理解にもつながる。また，帯分数 $2\frac{5}{6}$ と仮分数 $\frac{17}{6}$ は数としては等しいものであるが，紙を使って表してみると，帯分数は紙が2枚と1枚を6等分したうちの5つ分，仮分数は3枚の紙をそれぞれ6等分したうちの計17つ分と意味合いが異なる。

D. 文字の意味と役割

第6学年では，文字を用いた式について学習する。ここでは，文字式の意味を確実に理解する上での素地となる文字の意味や役割を取り上げる。

実際の指導では，「縦3cm，横□cmのときの長方形の面積を式に表せ。」な

どの問題を提示し，3×□の□を文字xで表せることを学習させる。文字xには様々な数値が入ることを確認させ，長方形の面積を一般的に表せることを理解させていく（第3学年は□，第4学年は□，△などを用いた式を使って指導がなされている）。なお，文字xが空席で，そこに様々な数値を入れて確かめるものができるものを「空席記号」としての意味という。併せて，3x＝6のように，文字xにどのような数値が入るかは不明であっても，文字を代表とすることで式変形が可能になるものを「代表記号」としての意味という。

さらに，y＝3.14xのような2つの文字を使って表した式から，具体的な場面を考えたり，言語化したりする学習も扱うことで文字の有用性を実感させることができる指導も行う。そして，文字を含む分数の計算へとつながっていく。複雑な場面になると文字の意味を混合してしまう児童も少なくないため，文字の意味や役割を踏まえて指導することが大切である。

この指導の背景にある数学は，「定数」，「変数」，「未知数」としての文字の役割である。これらを整理すると図6.15のようになる。

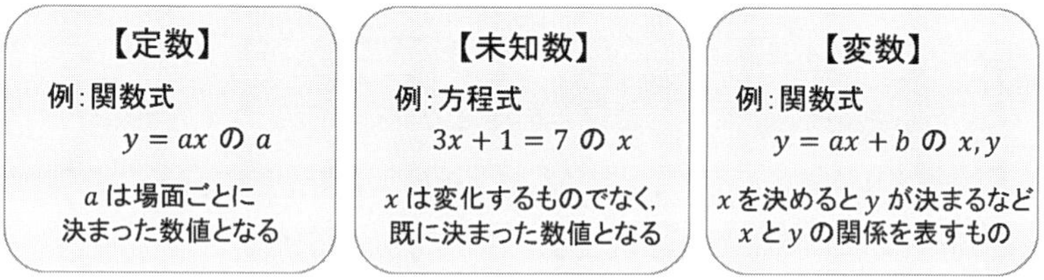

【定数】	【未知数】	【変数】
例：関数式	例：方程式	例：関数式
$y = ax$ の a	$3x + 1 = 7$ の x	$y = ax + b$ の x, y
a は場面ごとに決まった数値となる	x は変化するものでなく，既に決まった数値となる	x を決めると y が決まるなど x と y の関係を表すもの

図6.15　文字としての3つの役割

「定数」とは，関数式の場面で扱われ，その文字は場面ごとに数値が決定されるものである。「未知数」とは，方程式の場面で扱われ，文字は変化するものではなく既に決まった数値を表し，その多くは式変形を行うことで具体的に明らかになるものである。「変数」とは，関数式の場面で扱われるものであり，文字に様々な数値を代入したときの文字同士の関係を表すものである。

さらに発展的な扱いとして，2＋x＜8をみたす自然数xや，5＞42÷yをみたす自然数yをすべて求めるなどといった文字を用いた不等式が挙げられる。2＋1＜8や5＞42÷21は成り立つが，2＋7＜9や5＞42÷1は成立しないことを，具

体値をあてはめながら確認する活動を積極的に取り入れるようにする。文字の果たす役割を意識させると同時に，式に対する正しい捉え方を幅広く学ばせておくことは，中学校以降で数学を学習する際にも役立つものである。

6.3 「数と計算」領域における実践事例

　第3節では，「数と計算」領域における実践事例として，低学年と高学年から1つずつ紹介する。

6.3.1　低学年の具体的な教育実践例

　ここでは，町田（2006）を参考に，第3学年を対象とする「虫食い算（整数×整数）」の教育実践例について取り上げる。

(1) 概要

　「数と計算」領域では，様々な計算方法の習熟にとどまらず，なぜその方法だとうまくいくのか，もっと効率のよい計算方法はないかといった問題意識をもとに，計算の仕組みや意味を捉えられるようになる学習が必要であると考える。また，低学年の段階から，個別に学んできた数の構成や，計算方法の規則や性質を組み合わせて課題解決するような経験を積ませておくことが，高学年の段階で抽象的な「数と計算」内容を理解する際にも寄与するものである。

　そこで，算数の定番でもある「虫食い算」を題材に，第2学年での整数の構成と表し方，整数同士の乗法，第3学年での数量の関係を表す式（□を用いた式）の学習内容を活用できる実践例を取り上げる。

(2) 目標

　実践の目標は，次のとおりである。

1）□と数値の意味の違いを区別することができる。

2）□と数値が混合した乗法の計算ができる。

3）整数の十進位取り記数法に基づいて各位の数を比較することができる。

(3) 実践例

A. 2桁×1桁の繰り上がりなし

問題「□4×2＝68をみたす□を求めましょう。」を考えてみる。通常のかけ算と異なる点は，先にかけ算の答えが分かっていて，かけられる数が何になるかを決めることである。問題を提示した直後は，児童に□にあてはまる数値を1から順番に代入させて，□が3になることを見つけさせるとよい。

しかし，この方法では問題が変わるたびに，□に何回も数値を代入して求める手間が生じることから，計算の方法を工夫できないかと発問する。「□に入る数値を見つけるのは後にする。」や「とりあえず□のままで筆算する。」などを児童の発言から引き出すようにする。ここでの指導で大切なポイントは，□にはどんな数値が入るかは分からないが，最終的に□の数値は3と1つに決まるということを全体で確認しておくことである。これらの点を踏まえて，図6.16のように，□を残したままでの筆算の方法を指導する。

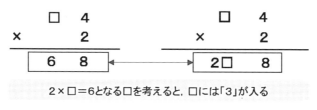

図6.16　2桁×1桁の繰り上がりなし

筆算の方法は，これまで習ってきたとおりであるが，かけ算で□を必要とする箇所で，「2×□は□が2つ分なので2□，あるいは□×2とかく。」と数値と□が混同しないように指導する必要がある。また，□に3をあてはめると2×3＝6という数値が一つに決まることもここで確かめるとよい。この段階までくれば，□4×2＝68の答えは「2□8」と求まるので，答えの68と比較を行うとよい。整数の十進位取り記数法を意識させるためにも，2□が十の位の数を表していること，2□が6と等しいことを確認する。この確認を通して，2×□＝6と等式を立てることができ，□に入る数値を見つけると3であることが分かるようになる。併せて，検算も積極的に取り入れて，児童自身で問題の正否を検証する習慣をつけさせるようにしたい。

B. 2桁×1桁の繰り上がりあり

上述した A の発展的な扱いとして「□5×2＝90 をみたす□を求めましょう。」を考えてみる。図6.17は，問題の考え方をまとめたものである。一の位同士のかけ算5×2が繰り上がるため，十の位と一の位のかけ算□×2に10の束としての1を加える必要が生じる。そこで，「2□と1を足すときは，□はどんな数値が入るか分からないので1と分けて2□＋1とかく。」のようにかけ算と区別して指導する。そして，2×□＋1＝9と等式を立てることができるので，□に入る数値を見つけると4であることが分かる。また，□に4をあてはめると2×4＋1＝9という一つの数値になることを確認することで実感の伴った理解を図るようにしたい。

2×□＋1＝9となる□を考えると，□には「4」が入る

図6.17　2桁×1桁の繰り上がりあり

　上記については，演算（加法，減法，乗法，除法），□の数，桁数，繰り上がりを調整することによって問題の難易度が自由に設定できるので，児童の実態に応じて柔軟な扱いをしてほしい。また，最初は教師からいくつか問題を提示していくとよいが，ある程度児童の内容理解が進めば，児童たちに問題を自作させて相互に解き合うといった数学的活動にもつなげていくと高い学習効果が期待できると考える。

6.3.2　高学年の具体的な教育実践例

　ここでは，第5学年を対象とする倍数・約数を用いた「整数の数当てゲーム」の教育実践例について取り上げる。

(1) 概要

　第5学年で学ぶ整数の性質は，算数のみならず中学校や高等学校の数学でも扱われている。児童は，整数の性質や魅力に触れ合う学習を通して，数学につなが

る基本的な考え方を学ぶことができる。しかしながら，「10と8の最大公約数を求めましょう。」といった形式的に問題を解くだけの計算技能の習熟に特化してしまうと，児童自身で整数の性質を深く理解したり，それらを組み合わせたりして新たな法則を発見する態度を涵養することは難しいと考える。

　加えて，小学校算数科では，身近な問題場面に整数の性質を利用し，その仕組みを数学的な根拠を持って説明するといった体験的な活動が重視されている。すなわち，児童同士が試行錯誤しながら整数の性質に接近できるような実践が求められているのである。そこで以下では，第5学年を対象に，倍数と約数の基本的な知識を用いた「数当てゲーム」の実践例を紹介する。

(2) 目標

　実践の目標は，次のとおりである。

1) 定義をもとに倍数と約数をそれぞれ正しく求めることができる。
2) 倍数や約数の性質を進んで見つけて考察することができる。
3) 数当ての答えに至るまでの過程や根拠を筋道立てて説明することができる。

(3) 実践例

　1から10までの番号をかいたカードを用いて2人で対戦を行う。カードをシャッフルし，それぞれ4枚ずつカードを裏向けたままで選択する。今回は，不確実な要素を取り入れるためにカードを2枚余らせることにする。

　倍数・約数を使った数当てゲームの流れは，次のとおりである（図6.18）。まず，後攻であるBさんが自分の手札から1枚選択する。次に，先攻であるAさんが「その数は□の倍数ですか。」と□に当てはまる数を一つ決めて質問する。Bさんは，「合っています。」か「違います。」のいずれかを答える。図内の場合では，Aさんは「2, 4, 8, 10」に答えの候補に絞ることができる。ゲームを繰り返していくと，6の倍数が2の倍数と3の倍数になっているといった倍数と最小公倍数の関係にも着目できるようになる。なお，この段階で答えが分かった場合，Aさんは解答してもよい。例えば，正解した場合は2点を与える，間違えた場合は相手に1点を与えるなどするとよい。

　続いて，「約数の個数は全部で○個ですか。」と○にあてはまる数を一つ決めて質問を行う。Bさんは，「合っています。」か「違います。」のいずれかを答える。

図内の場合では，Aさんは「2，4」のいずれかに絞ることができる。約数の個数を求めさせることは，過不足なく約数を求める力を身に付けることにもつながる。最後に，Aさんが答えをBさんに宣言してから，伏せているカードをめくり答えを確かめる。正解した場合は1点を与える，間違えた場合は得点をなしとする。

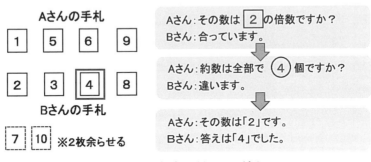

図 6.18　数当てゲームの流れ

　これ以降は，先攻と後攻が入れ変わって手札がなくなるまでゲームを続けていく。単にゲームを繰り返すだけでなく，攻略法を見つけるために自身の考え方を考察し，それを他者に説明する言語活動を取り入れるようにする。加えて，各場面で制限時間を設けると，倍数と約数を瞬時に正確に求めるトレーニングも行えるため効果的である。また，カードの番号を 15 まで増やしていくことで，問題の難易度も上がるので児童の興味・関心を保ちながら活動させやすい。さらに，約数の個数が必ず2個になるのは素数のみとなることからも，体験的な活動の中で発展的な算数内容に触れることが可能となる。

研究課題

1.「数と計算」領域における児童の認識（正答・誤答の傾向）を列挙し，その要因について整理しなさい。

2.「数と計算」指導の目標と内容を整理し，学年間の関連付けを行なって記述しなさい。

3.「数と計算」領域の中から単元を一つ取り上げ，指導の要点をまとめなさい。

引用・参考文献

国立教育政策研究所, 教育課程研究センター「全国学力・学習状況調査」, ホームページ, 2022 年 3 月 19 日閲覧,
https://www.nier.go.jp/kaihatsu/zenkokugakuryoku.html

黒田恭史・岡本尚子 (2011)「数・代数」; 黒田恭史編著『数学教育の基礎』ミネルヴァ書房, 京都, pp.10-39

黒田恭史 (2017)『本当は大切だけど, 誰も教えてくれない算数授業 50 のこと』明治図書, 東京, pp.76-79

黒田恭史 (2022)『動画でわかる算数の教え方』明治図書, 東京, pp.10-13, 58-61

黒木哲徳 (2009)『入門算数学［第 2 版］』日本評論社, 東京, pp.1-8

町田彰一郎 (2006)『なぜ, その人は「計算」が「速い」のか？』東洋館出版, 東京, pp.98-100

文部科学省 (2018)『小学校算数学習指導要領（平成 29 年告示）解説 算数編』日本文教出版, 東京

横地清 (1978)『算数・数学科教育』誠文堂新光社, 東京, pp.55-68

第7章

図形の教育

本章では，小学校算数科における「図形」の教育について述べる。第1節では，「図形」領域における児童の認識について言及する。第2節では，「図形」領域の算数の内容について解説する。第3節では，「図形」領域における具体的な教育実践例について紹介する。

7.1 「図形」領域における児童の認識

第1節では，まず，小学校算数科の「図形」領域における指導の要点を整理する。次に，日本国内の代表的な学力調査「全国学力・学習状況調査」の結果から認識調査結果を概観し，「図形」領域における児童の認識について言及していく。

7.1.1 「図形」領域における指導の要点

学習指導要領の改訂に伴い，算数科における領域構成が変更された。とりわけ図形に関する学習内容については，これまで他の領域で扱われていた図形の角度，面積，体積などの内容は，今回からは「図形」領域に含まれることとなった。各種平面図形・立体図形を題材としつつ，それらを計量・移動する方法や図形同士の間で成立する法則の理解などをバランス良く複合的に指導していく必要がある。黒田（2017・2018）は，「図形」領域の指導の要点をいくつか指摘しており，まとめると以下のように集約される。

① 図形の定義や性質，構成要素について理解すること。

② 図形を正確に測定（長さ・角度）し，公式を用いて求積（面積・体積）すること。

③ 図形のおかれた平面・空間自体の特徴について理解すること。

④ 図形間の位置関係や移動する方法（平行・対称・回転・拡大・縮小など）について理解すること。

⑤ 図形の定義や性質をもとに，図形同士の間で成立する法則を，論理的に記述する方法について理解すること。

　小学校段階においては，三角形・四角形といった既存の図形で学習したことを現実場面に適用する考えも重要となる。敷き詰められた模様から図形を抽出したり，複雑な形を何かと置き換えて考えたりなど，具体物を用いることが前提となる場面も少なくない。また，児童自身が「捉えた」図形を，根拠を持って類別したり，点や辺の数，立体図形に潜む平面図形を抽出したりするなど，図形の構成要素に着目する視点を段階的に指導することも大切である。

　ものさしや三角定規，分度器やコンパスといった作図に用いる道具を適切に用いて，正確に作図する技能の育成も重要である。作図する上での「コツ」や児童が困難を感じやすい場面をあらかじめ指導者が把握しておくべきである。さらに，なぜその方法で作図することができるかを考え，その手順を段階を踏んで記す活動を取り入れることにより，とりわけ図形教育において困難とされてきた「図形の証明問題」に対応できる記述力を身に付けることができると考えられる。過程を細かく文章で可視化する習慣が，今後数学を学んでいく橋渡しとなるのである。

7.1.2 「図形」領域における調査結果

　小学校算数科の「図形」領域は，前章の「数と計算」領域同様，学習内容の系統性を意識して指導することが求められる。しかしながら，学習内容によっては，一度取り扱った後に再度登場するまで時間が空いたり，教科書ではトピック教材的な扱いだったりすることも少なくない。また，各種図形そのものの（概念的な）理解や，作図の技能獲得などは，低学年段階から多く登場するため，ここで理解が及ばなかったり，正しい作図手順を身に付けることができなかったりすると，後々の学習に影響が出てくる場合もある。

　そこで，以降では，2007年度から毎年実施されている「全国学力・学習状況調査」

における「図形」領域に関する調査結果を概観し，児童の認識について考察する。とりわけ，辺や角といった図形の構成要素に対してどのような認識を持っているか，理解困難な児童の誤答傾向の特徴を中心に詳説していく。

(1) 面積について

ここでは，図形の面積を求める際の誤答の傾向について述べる。各種図形の求積に関しては，当該学年ごとに取り扱う図形が増えていき，その求め方や公式について学習する。

図7.1 は，2017年度に出題された算数 A の 5 の問題で，高さが等しい図形の面積について出題されている。ここでは，同じ平行線の間に存在する平行四辺形や三角形に着目し，平行四辺形の面積の半分と同じ三角形を全て選択するというものである。この条件下では，高さが全ての図形において等しくなるため，底辺と面積の関係を正しく理解できているかが問われることになる。正答は，「2，3」の三角形で正答率は 67.2%であった（ちなみに「2」のみを選択している誤答率が 9.3%）。正答の 1 つである「3」を選択することができていない理由について，三角形の高さが図形の外部にあることが要因の 1 つであると考えられる。図形の求積方法に関して，平行四辺形は「底辺×高さ」，三角形は「底辺×高さ÷2」と公式を理解することはできているが，図形の向きや形が異なると正しく構成要素を抽出することに困難を持つ児童が少なくないことが考えられる。

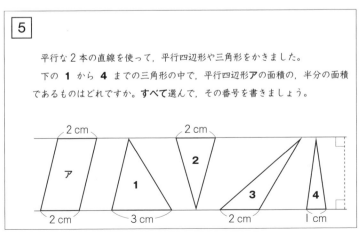

図7.1　平行線の間の図形における底辺と高さの関係（2017年度）

図7.2 は，2021 年度に出題された算数 A の 2 (1) の問題で，直角三角形の面積を求める式と答えを問う内容が出題された。式は「3 × 4 ÷ 2」，答えは「6」が正答であるが，正答率は 55.4% であった。この場合，直角となる角が図形の上部にあるため，「5cm」の水平な辺が底辺となることはない。しかし，誤答の傾向として，「5 × 3 ÷ 2」「5 × 4 ÷ 2」のように水平な辺を底辺であると捉えた誤答率が 8.3%，「3 × 4 × 5」「3 × 4 × 5 ÷ 2」のように示された全ての辺の長さに着目して立式している誤答率が 20.1% であった。このように，図形を捉える児童の認識の特徴として，水平な辺を底辺であると捉えがちであること，水平な辺が底辺とならない場合，つまり図形が回転したり移動したりして，いわゆる「よく見る」形と異なったとき，正しく底辺や高さを抽出することが困難であることが考えられる。

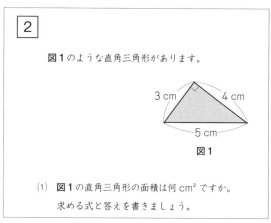

図7.2　直角三角形の面積の求め方（2021 年度）

(2) 角について

次に，角についての児童の認識について考察していく。なお，角の大きさや単位，測定の意味などを取り扱うのは主に第4学年である。

図7.3 は，2018 年度に出題された算数 A の 5 (1)，(2) の問題で，円周上に設定された2つの点と中心を結んだ際にできる角の大きさについて答えるものとなっている。(1) の正答は 180° で正答率は 94.5% であった。一方で (2) は同じように角の大きさを答える問題であるが，180° を大きく超えることは明らかで

ある。水平な状態が180°であることに加え，分度器に示された角度を正しく読み取ることで正答にたどり着くことができる。正答は250°で，正答率は58.7%と，約半数近くの児童が誤答している。最も多かった誤答が110°で誤答率が25.4%であり，分度器の目盛りの数値である110°をそのまま読んで解答していることがわかる。つまり，児童の4人に1人の割合で，測定する角の大きさが180°を超える場合，その大きさを認識することや正確に測定することが困難であると考えられる。

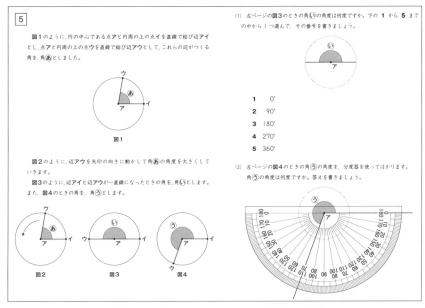

図7.3　角の大きさの求め方（2018年度）

(3) 円について

最後に，円についての児童の認識について考察していく。円そのものの描画や特徴については第3学年でコンパスの導入とともに扱われる。その後，第5学年では円と円に内接する正多角形の関係について詳しく扱われる内容構成となっている。なお，円周率が登場し「直径×円周率＝円周」の公式が登場するのは第5学年，「半径×半径×円周率＝円の面積」の公式が登場するのは第6学年となっている。

図7.4は，2018年度に出題された算数Aの $\boxed{7}$ (1), (2) の問題で，円周率の意

味と直径の長さと円周の長さの関係を問う内容となっている。(1) は，円周率を求める式として正しいものを1つ選ぶ問題である。「直径×円周率＝円周」の公式から変形して導くこともできるので，正答は3の「円周の長さ÷直径の長さ」となる。正答率は41.9% で，半数以上が誤答している結果となった。誤答の傾向として2の「円周の長さ×直径の長さ」を選択している誤答率が36.9% と最も高かった。これらの結果から，多くの児童が円周率を求める式と円周を求める式を混同していることが考えられる。また，(2) の問題は，円の直径の長さを2

7

次の問題に答えましょう。

(1) 円周率を求める式を，下の **1** から **4** までの中から 1 つ選んで，その番号を書きましょう。

- **1** 円周の長さ × 半径の長さ
- **2** 円周の長さ × 直径の長さ
- **3** 円周の長さ ÷ 直径の長さ
- **4** 直径の長さ ÷ 円周の長さ

(2) 下の文の ［　　］ にあてはまるものを考えます。

円があります。この円の直径の長さを 2 倍にします。
　このとき，直径の長さを 2 倍にした円の円周の長さは，もとの円の円周の長さの ［　　］ 倍になります。

上の文の ［　　］ にあてはまるものを，下の **ア** から **エ** までの中から1 つ選んで，その記号を書きましょう。

- **ア** 2
- **イ** 3.14
- **ウ** 4
- **エ** 6.28

図 7.4　直径の長さと円周の長さの関係（2018 年度）

倍にしたとき，円周の長さはもとの円周の長さの何倍になるかを問うものである。「直径×円周率＝円周」の公式から考えるならば，円周率は固定であり，直径の長さに依存して円周の長さが決定していくため，正答はアの「2倍」である。正答率は 55.9% で，これも約半数近くの児童が誤答している結果となった。最も多かった誤答がイの「3.14」を選択しているもので，誤答率は 27.8% であった。(1)，(2) の結果から総合して言えることは，円に関わる公式や計算方法は理解できても，その導出方法や意味理解に困難があるということである。

さらに，円と正多角形に関わる性質について考察する。図 7.5 は，2017 年度に出題された算数 A の $\boxed{6}$ の問題で，円に内接する正五角形に関する内容が出題されている。そもそも正多角形とは，全ての辺の長さと角の大きさが等しい多角形を指し，必ず円に内接するという性質を持っている。また，正多角形は内接する円の中心を起点とした二等辺三角形で構成されている（ちなみに正六角形は正三角形で構成されている）。この問題では，正五角形を構成する二等辺三角形の1つの頂点に関わる角を計算し解答する。

なお，これは小学校段階では扱わないが「中心角」と呼ばれるものである。一周で 360° あること，合同な二等辺三角形が 5 つ分あることから，「360 ÷ 5 ＝ 72」で 72° が正答である。この問題の正答率は 75.7% である。誤答の中には 60° と答えたものも見られた。正五角形を正しく読み取ることができなかったこと，より多く登場する正六角形に影響されて解答したことなどが考えられる。円と正多角形についてさらに詳しく見ていく。図 7.6 は，2016 年度に出題された算数 B の $\boxed{5}$ (2) の問題で，平面図形の構成に関する内容が出題されている。これまで説明してきた A 問題は基本的知識・技能を問う内容に対し，B 問題は実生活や課題解決に知識・技能を活用する力を問う内容である。この問題では，直角三角形を並べていき，敷き詰めていくことによってどのような形ができるかを考える。正答は 3 の正六角形であるが，正答率は 25.4% であった。視覚的なイメージや辺・角の数から直感的に選択し誤答している例も多く見られ，図形の構成要素から正しく判断することに課題があると考えられる。正答にたどり着く方法はいくつかあるが，まず，直角三角形（問題の最初に提示されている 30°，60°，90° の三角定規になっている代表的なもの）が 2 つ合わさっていることから，⑰の角

6

点 O を中心とする円を使って，**図1**のような正五角形をかきます。
図1の点 A，点 B，点 C，点 D，点 E は正五角形の頂点です。

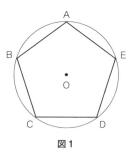

図1

まず，**図2**のように半径をかき，円周と交わった点を点 A とします。

次に，**図3**のように半径をかいて点 B の位置を決めます。このとき，角⑦
の大きさは何度にすればよいですか。答えを書きましょう。

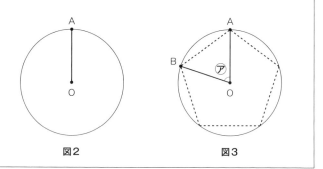

図2   図3

図7.5　正多角形の性質と図形の構成要素（2017年度）

度は 60° となる。この時点で，「360 ÷ 60 ＝ 6」と中心を 6 分割できること，こ
の形を 6 つ並べることとの数の対応が確認でき，正六角形と判断することができ
る。これらのことから，児童は円を単体，正多角形を単体で捉えることはできて
も，円と正多角形の関係や，正多角形を構成する複数の平面図形を組み合わせて
考えるといった図形の構成要素に着目することが困難である傾向にあると考えら
れる。

(2) 今度は，③の**四角形**を選んで形をつくります。

　⑰の角が｜つの点のまわりに集まるように，③の**四角形**を並べていく

と，６つで，ある形ができます。どのような形ができますか。

　下の **1** から **4** までの中から｜つ選んで，その番号を書きましょう。

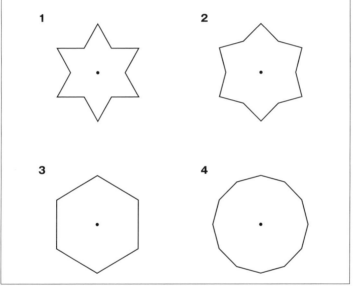

図 7.6　平面図形の構成を選択する問題（2016 年度）

（4）まとめ

　上述した結果を踏まえ，児童の認識をまとめると次のとおりである。

1）図形が水平な位置から移動した状態では，正しく底辺や高さを捉えることに
　課題があること。

2）180°を超える角の大きさを正しく認識できていない可能性があること。

3）面積・体積などを求める公式は理解できていても，それらを導く方法や意味

理解が伴っていないこと。

4) 1)〜3)を通して，図形を構成する要素に着目する視点の獲得が困難であること。

1）に関しては，図形を回転・移動することに対しての経験が乏しいことが要因の1つであると考えられる。第6学年では，線対称・点対称な図形について取り扱うため，それまでの学年での経験が影響してくるであろう。

2）に関しては，角に留まらず，「測定」領域との関連も踏まえた量に関する段階的な指導が有効であろう。特に図形領域に際しては，対象の図形に対して「どれくらいの大きさ」なのかを見通す量の感覚を獲得することが重要である。

3）に関しては，公式の暗記に留まらず，その意味や導出方法を上手く学習内容の中に組み込むことが大切である。公式を扱うことができるようになった1歩先は，公式を自ら導くことができる段階である。これは算数に限らず，今後学習していく数学にも大きく関わる部分である。

全体を通して，4）でも指摘しているが，図形の構成要素に着目する視点の育成には，指導者側の力量も問われる。低学年段階からであっても，正しい用語で正しい図形の見方・考え方を，正しい言葉遣いによって指導することにより，図形教育の長年の課題とされてきた論証へスムーズな橋渡しとなるだろう。なお，ここでは平面図形を中心に扱ってきたが，空間図形の認識に課題があることはこれまでの多くの先行研究が指摘している。近年では，空間図形を児童がどのように目で追っているか，視線計測装置を用いて明らかにしている研究も進んでいる。これらの知見を指導者側が持ち合わせることにより，より豊かな図形指導が可能となると考えられる。

7.2 「図形」領域における算数の内容

第2節では，小学校算数科の学習指導要領（2017年度告示）における「図形」領域の目標，教育内容について整理し，これらの指導内容の土台となる数学的内容について解説する。

7.2.1 「図形」領域の目標

小学校算数科の「図形」領域の指導では，各種図形の特徴理解に加え，作図や

求積に伴う計量などをバランスよく配置することに加え，図形の構成要素に着目する視点の育成をすることが重要である。さらに，学習した図形について，他の図形と比較・類別したり，身の回りにあるものを図形として捉え，日常生活に活用したりすることのできる力の育成が求められている。7.1 節で上述した「全国学力・学習状況調査」の結果とその分析を踏まえ，小学校算数科「図形」領域において，児童に身に付けさせたい能力は，次の 4 点にまとめることができる。

① 各種図形の特徴を理解した上で，代表的な辺や角，頂点といった図形の構成要素を正確に抽出することができること。

② 図形を計量する際に必要となる道具（ものさし・分度器・コンパスなど）を使う意味について理解し，正確に作図したり，測定した結果を基に公式を用いて求積できたりすること。

③ 公式をはじめとする図形において成立する法則について，その導き方や意味を論理的に記述することができること。

④ 既習の図形や身の回りのものに対して，図形の構成要素に着目し，図形的特徴を捉えた上で考察することができること。

7.2.2 「図形」領域の教育内容

　2022 年度から全面実施の小学校算数科学習指導要領（文部科学省 2017）に記されている「図形」領域の各学年の主な教育内容については，表 7.1 のようになる。学年が上がっていくごとに取り扱う図形の種類が増えていき，それに伴い求積方法や新しい学習内容が増えていくことがわかるだろう。第 1 学年では，三角形や四角形といった用語が教科書内に登場せずとも，身の回りの形やその特徴を目で見て，触って，操作して，といった体験的な活動を重視する傾向にある。第 2 学年では，基本的な図形の種類について押さえるとともに，ものさしを使った直線の描画や長さの測定を指導する。ここでは，「測定」領域との関連を意識することで，より有効的な指導が可能となるであろう。第 3 学年では，二等辺三角形や正三角形など特別な条件を満たす図形についてより詳しく扱う。さらに，円や球の登場に伴い，コンパスを初めて使用する学年でもある。コンパスを使用する上での注意点やその意味については，高学年段階の指導にも関わる部分が大きいた

表 7.1「図形」領域の各学年の主な内容（一部「測定」領域と重複）

学年	登場する図形	主な学習内容
第1学年	• （身の回りにある様々な）形	• 特徴，作成，分解など • ものの位置
第2学年	• 三角形，四角形，正方形，長方形，直角三角形 • 箱の形	• ものさし
第3学年	• 二等辺三角形，正三角形 • 円，球	• コンパス
第4学年	• 平行四辺形，ひし形，台形 • 立方体，直方体	• 分度器，三角定規 • 角の大きさ • 正方形，長方形の面積 • 直方体の見取り図，展開図 • ものの位置の表し方
第5学年	• 多角形，円と正多角形 • 角柱，円柱	• 合同な図形 • 三角形，平行四辺形，ひし形，台形の面積 • 立方体，直方体の体積 • 柱体の見取り図，展開図 • 直径と円周の関係
第6学年		• 対称な図形 • 縮図，拡大図 • 円の面積 • 角柱，円柱の体積 • およその形と面積

出典：文部科学省（2017）のものを要約

め，第3学年で確実に正しい使用方法を獲得するための指導が必要となる。第4学年では，平行四辺形の登場とともに分度器，三角定規といった道具を用いた作図方法が多数登場する。また，立方体や直方体といった空間図形に関わる学習内容も登場するため，より手厚い指導が求められる。第5学年以降は学習内容がより高度になっていく。特に円と正多角形では，これまでの学習以上に図形同士の間に成立する各種法則への着目が重要となる。第6学年では，対称な図形や拡大図・縮図など，図形の移動や回転について取り扱う。前述したように学習者が困難を感じやすい内容であるため，指導の際は注意が必要である。

　このように，各学年の指導内容を概観し，その系統性を指導者側が把握するこ

とが「図形」領域においても求められる。また，低学年段階では「測定」領域の学習内容との関連性を特に把握しておくべきである。「図形」における各種学習内容をバランス良く配置し，偏りのないように日々の授業を設計することが重要である。

7.2.3 「図形」領域の指導内容

ここでは，「図形」領域の指導内容について，表7.1の学年ごとに実際の指導場面とその数学的背景について解説する。背景の理解は，学習内容がより高度に，抽象的になっていく高学年段階の指導において必須となる。一方で，低学年段階の指導においても，数学的背景を指導者側が押さえておくことで，より幅の広い授業展開が可能となる。

(1) 図形の性質の理解

【定義・定理】

各種図形の「名前」が登場し，教科書内において「定義される」のは第2学年以降である。しかし，「まるい」「さんかく」「しかく」のように，第1学年または小学校入学前においても，身の回りの具体物から形を捉えるという行為は日常生活の中で行われていることである。児童がそれぞれの発達段階で自分なりに「捉えている」形に対し，名前を与え，そのような形であるという判断の材料を指導者側が正しく説明することが求められる。

例えば，第4学年で初めて登場する平行四辺形の定義は，「2組の対辺がそれぞれ平行な四角形」である。この学年では，平行四辺形の特徴を押さえるとともに，三角定規や分度器などを用いて，指定された平行四辺形を正しく作図することも学習内容に含まれている。作図の具体的な方法については割愛するが，押さえるべき平行四辺形の定義・定理は以下の通りである。

用語について
・定義とは，使うことばの意味をはっきりと述べたもの。
・定理とは，証明されたことがらのうち，基本になるもの。

平行四辺形について
（定義）　2組の対辺（向かい合う辺）がそれぞれ平行な四角形。

（定理 1） 平行四辺形の 2 組の対辺は，それぞれ等しい。

（定理 2） 平行四辺形の 2 組の対角（向かい合う角）は，それぞれ等しい。

（定理 3） 平行四辺形の対角線は，それぞれの中点で交わる。

（定理 4） 1 組の対辺が，等しく平行である四角形は，平行四辺形である。

　上記に挙げた定義・性質は，詳しくは中学校数学科で扱うことになる。中学校段階においては，図形の証明問題で，与えられた四角形が平行四辺形であるかどうかを定義・定理をもとに判断し，論証していく内容が扱われる。小学校段階においては，明確に定義・定理という言葉が登場することはない。教科書内においては，「〜は○○という」「…の特徴は△△である」といった言葉遣いになっていることが多い。対象の学年によって指導の方法はもちろん異なるが，図形教育において，指導者側が正しい用語で正確に説明することはどの学年においても求められることである。また，中学校段階含めて，「図形」領域に限らず定義・定理などは混同しやすい。小学校算数から中学校数学へのスムーズな接続を意識するのであれば，指導者側が定義・定理の違いをしっかり把握した上で授業構成を組み立てる必要がある。

【図形同士の間の包含関係】

　上述した定義・定理を正しく理解することに加え，図形同士の間で成立する各種法則等の理解も重要である。ここでは，代表的な四角形の包含関係について着目していく。図 7.7 は，平行四辺形，長方形，ひし形，正方形の包含関係と定義を示したものである。一見してもイメージが難しいため，図形の特徴を再確認しつつ，詳説する。本来，四角形とは，4 つの辺で囲まれた図形を指す。「さんかく」「し

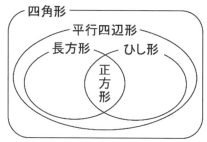

　平行四辺形：
【定義】2 組の対辺がそれぞれ平行
　長方形：
【定義】4 つの角が全て等しい
　ひし形：
【定義】4 つの辺が全て等しい
　正方形：
【定義】4 つの辺と角が全て等しい

図 7.7　代表的な四角形同士の間で成立する包含関係（台形は割愛）

かく」と形を捉えることが多いため，どうしても「角」に注目がいくが，その後登場する平行四辺形は「四辺形」と表記されている。その名の通り，「4つの辺で囲まれた図形」である。辺の長さや角の大きさなど，図形を構成する要素とそれぞれの図形の特徴をリンクさせることは，図形の定義・定理を押さえる上でも重要となる。順番に見ていくと，長方形の定義は「4つの角が全て等しい」となっている。そもそも，四角形の内角の和は360°であるため，この4つの角は全て90°（直角）である。長方形を作図する際も，この特徴を利用するため，児童らはどうしても「長方形＝直角」のイメージが強い。しかし，包含関係から着目すると，四角形の一部である平行四辺形（2組の対辺がそれぞれ平行）であるもののうち，4つの角が全て等しいものが長方形なのである。つまり，長方形も平行四辺形なのである。同じように見ていくと，ひし形は，平行四辺形のうち，4つの辺が全て等しいものを指しているのである。ひし形はその特徴や求積方法（対角線×対角線÷2）を含め，児童が正方形と混同しやすい。なお，正方形は，平行四辺形のうち，4つの辺と角が全て等しい，つまり，長方形とひし形の特徴を両方満たすものとして捉えることができる。このように，平行四辺形，長方形，ひし形，正方形と「名前」がついている代表的な図形は，四角形のうち特別な条件を満たしたものであり，それぞれの関係を包含関係で表すことで整理することができるのである。上述した定義・定理含め，図形の性質に関する理解の向上のためには，指導する側が各種図形の登場時や関連する内容を授業で扱う際に把握しておくことが重要なのである。

(2) 作図の意味理解

【コンパスを用いる本来の意味】

　小学校段階において用いる主な作図は，ものさしによる直線の描画，コンパスによる円の描画，分度器を用いた角の描画などが挙げられる。とりわけ，第3学年で初めて登場するコンパスについては，その使用方法や用いることの意味について順を追った指導が求められる。そもそも，コンパスという道具に対して，「円を描くもの」という認識が非常に強い。しかし，本来の意味は，「同じ長さの線分を写し取る」ことができる道具ということであり，長さに起因するのである。大昔，航海する際は紙媒体の地図を頼りにするしかなかった時代，同心円上の同

じ長さ（距離）を測定することができるコンパスが非常に重要な道具であったことは言うまでもない。現代においても，作図の道具という認識に加え，測量の道具の1つであるということを指導者が意識することが大切である。

【作図する際の留意点】

指示された図形を正確に測定し，正しい手順で作図する技能の獲得のためには低学年からの段階的な指導が必要である。「測定」領域で主に扱われる「長さ」や「単位」の指導を併せて，様々な測定場面を体験することで，量を正しく抽出することができる視点が身に付くのである。

また，作図の際，指導者側の正しい見本を提示することも重要である。津田ら（2020）は，感染拡大に伴う一斉休校が約3ヵ月続き，ようやく学校が再開された際，休校期間中に学校側が出題した課題の理解度に関する調査を行なった。その結果，「数と計算」領域の正答率は他の領域と比べ高い傾向にあること，「測定」「図形」領域においては測定器具の正しい使用や作図に関する内容において困難性が見られることが明らかとなった。その困難性は低学年になればなるほど顕著に見られ，特に第2学年では，ものさしを用いて正しく直線を引くという作図過程に課題が見られた。さらに，上述したコンパスについてであるが，第6学年では線対称・点対称な図形においてコンパスを用いる場合がある（マス目がない場合など）。調査問題では，それぞれを作図する内容を出題したが，多く見られた傾向として，作図する際に残るはずである「コンパスによる描画の跡」がはっきりと残っていない，ということが特徴として挙げられた。中学校数学科においては，分度器を用いず，ものさしとコンパスのみを用いて線分の垂直二等分線や角の二等分線などを描画する内容が扱われる。その後の学習内容を踏まえても，正しく道具を用いることに加え，「作図の跡」を残す習慣を身に付けることも重要な学習目標の1つと言えるだろう。

【作図手順の明確化】

作図指導においては，指示された図形を正確に描画することに加え，その手順を明確化し，記述することも有効である。各種作図方法に関する細かな説明は割愛するが，黒田（2017）は，ものさしやコンパス，三角定規や分度器などを使用する際の留意点と「コツ」について詳説している。以下はものさしを用いて直

線を描画する際の手順である。

① 2つの両端の点を鉛筆で打つ。

② 鉛筆を置いて，ものさしの両端を持って，2つの両端の点を結ぶ位置にものさしを置く。

③ 左手だけをゆっくり離して，ものさしの真ん中を左手で強く押さえる。

④ 右手で鉛筆を持って，左手はしっかりとものさしを押さえ，右手はゆるめに直線を引く。

　このように，一見単純そうに見える作図においても，手順を分解していくと，意外と難しく，制約も多い。困難を抱える児童はこの手順のうち，どこかが抜け落ちてしまったり，順序が入れかわってしまったりといったミスをしてしまう傾向にあるのである。対象学年によってもちろん言葉遣いや指導方法は異なるが，1つ1つの作図手順を段階的に，そして視覚的補助も用いた上で，その手順を明確化することが指導者側には求められるのである。

　高学年に近づいていくにつれ，児童ら自身に作図手順を明確化することを段階的に指示していくことも有効である。図 7.8 は第 5 学年で学習する合同な図形における作図方法の種類を確認する指導と，児童がその作図手順をノートに残した記述の一部である。ここで合同な図形に関する学習内容を確認しておこう。中学校数学科で再度登場するが，そこでは主に図形の証明に関する内容で 2 つの図形が合同であるかどうかを与えられた条件から判定し，導いていくことが主なものである。小学校段階においては，その条件について厳密に扱うというより，「ぴったり重なる」ということが合同であること，合同な図形同士を見つけること，指

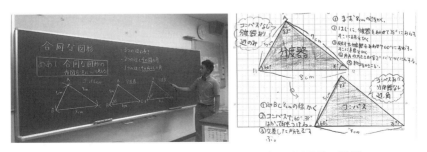

図 7.8　作図手順の明確化を指示した合同な図形の指導

示された作図手順で同じ大きさの図形を作図すること，などが主な学習内容である。2つの三角形が合同であるための条件と，作図の方法を対応させると以下のようになる。

合同条件

- 3組の辺が，それぞれ等しい。
- 2組の辺とその間の角がそれぞれ等しい。
- 1組の辺とその両端の角がそれぞれ等しい。

作図方法

- コンパスを用いて，3つの辺の長さを描画する。
- 分度器を用いて，2つの辺の長さとその間の角の大きさを描画する。
- 分度器を用いて，1つの辺の長さとその両端の角の大きさを描画する。

　このように，小学校段階で合同になるための条件について厳密な扱いがなくとも，作図の手順やその仕組みを理解していく段階で「条件」に迫っていることがわかるだろう。さらにここで留意したいことは，作図に際して必要な情報の「数」についてである。与えられた三角形と合同な三角形を作図するとき，辺の長さや角の大きさを調べる必要があるが，この場合，適切な箇所を必要最低限で抽出するという思考が重要となる。例えば，合同条件ならびに作図方法にある「3つの辺の長さ」に着目したとする。作図の手順としては，底辺を決め，コンパスで長さを測りしるしをつけ，底辺の両端と結ぶことにより三角形が完成となる。この時点で三角形の角も同時に決定されるため，作図の際に測定する必要はない。他の条件，作図方法についても見ていこう。2組の辺とその間の角を用いる場合においても必要な情報は3つである。しかし，角については注意が必要で，必ず2組の辺の間の角（挟角）でなくてはならない。挟角を定めることにより，残り1つの辺の長さは自動的に決定となるため，測定することなく作図することが可能である。1つの辺とその両端の角の大きさについても同様である。

　指導する際には，全ての情報を調べる必要がないこと，正しい手順を追っていかないと正確な作図ができないこと，作図する際に何のためにどの道具を使用したのかを明確化することなどが重要なのである。さらに一工夫付け加えるとするならば，辺の長さや角の大きさは，確実に作図の際に情報として図形に明記する

ことを習慣にすることである。描画の際に「A・B・C」のようにアルファベットでラベリングすることも，応用として加えてもよい。そうすることで，後に図形の証明問題で意識することとなる「対応する順」を考える上での素地を養うことができるのである。なお，この考え方は第6学年で取り扱う対称な図形や拡大図・縮図（図形の相似）にも大きく関わるものである。該当学年の学習内容を正しく伝えることも重要であるが，指導者側が学習内容の系統性を意識した指導を行うことで，児童も前後の学年で学習する内容のつながりを意識することができるのである。

(3) 求積に関する公式の理解

【正方形・長方形の面積】

　与えられた図形から必要な情報を抽出し，公式を用いて正確に計算し，面積を求める技能はもちろん大切なことである。しかし，公式を暗記し，機械的に求積することに留まらず，なぜその公式で求めることできるのかという仕組みに注目する視点を獲得することも重要である。最初に学習する面積の公式として，長方形・正方形の「たて×横」「1辺×1辺」がある。まず，ここで「定義」について確認しよう。面積を決定づける定義として，「1辺が1cmで囲まれた正方形の面積を $1cm^2$ とする」という大前提をもとに他の図形における面積公式が成立していく。面積という大きさを決定する際には，この基準となる正方形が何枚敷き詰められているか，という考え方で具体的な数値で表すことができる。縦2cm，横4cmの長方形であれば，基準となる正方形が最大で縦に2枚，横に4枚敷き

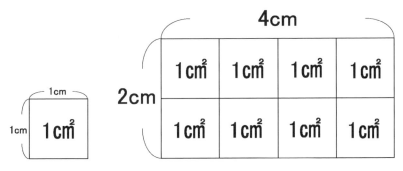

図 7.9　$1cm^2$ の定義と長方形の面積

詰めることができる。この枚数を式で表すと，「2枚（たて）× 4枚（横）= 8枚（面積）」，ゆえに「8cm²」となるのである。

　もちろんこの基準は対象となる図形の大きさや単位に影響を受ける。単位変換などの知識・技能はもちろん必要ではあるが，面積という「広がり」がどのように決定されるのかを，公式の導入とともに把握するということを指導者側が意識することが大切である。

【代表的な三角形・四角形の面積】

　次に直角三角形，平行四辺形，台形といった形や特徴に着目すべき図形の面積について説明する（図 7.10 とともに参照）。まず，直角三角形から見ていこう。直角（90°）という情報から，高さの抽出が容易な図形の1つである。三角形の公式として，「底辺×高さ÷2」が印象に強いと思われるが，用語や「÷2」の是非については，公式の導入とともにしっかり押さえる必要がある。面積を求めたい直角三角形と合同な図形を反転させると長方形とみなすことができる。長方形の面積公式についてはすでに既習の状態であるため，「たて×横」で直角三角形2つ分の面積が求まる。よって「÷2」をすることで1つ分の直角三角形の面積

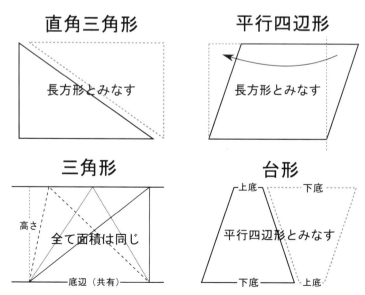

図 7.10　代表的な三角形・四角形の面積公式に関わる事項

を求めることができる。このように，与えられた図形を，既習の図形に置き換える，または変換して「みなす」という行為が重要になるのである。

　次に直角三角形含めた一般的な三角形について見ていこう。公式そのものを暗記していれば，「底辺」と「高さ」を正しく抽出すれば求積が可能である。しかし，先ほど説明した直角三角形との対応や，高さが図形の内部・外部にある場合など，どの場合でも成立するからこその「公式」であることの意義は押さえておきたい。平行線の内部に底辺を決定する。そこから直角な直線を描画すると平行線と必ず接点を持つ。接点と底辺を結べば自動的に直角三角形が描画できる。ここで見ていきたいのは，同じ平行線内において，底辺と高さを共有している三角形の面積は常に同じ（等積変形）ということである。公式の導入に関わり，平行・垂直といった要素に十分注意して指導する必要がある。

　最後に，平行四辺形と台形について見ていこう。同じ平行線内においての高さの話は上述した通りである。平行四辺形においても，配置や形状によっては底辺や高さを正しく抽出することが難しい場合があるので注意が必要である。平行四辺形の面積公式は「底辺×高さ」である。ここで，先ほどの長方形の面積公式にもどるが，長方形も平行四辺形であるため，「たて×横」は「底辺×高さ」と同じ意味合いを持つことがわかるだろう。発達段階や図形の形状によって，「たて×横，底辺×高さ」のかけ算の順序関係が変わる場合もあるが，交換法則を用いれば意味合いは同じである。平行四辺形の求積方法はいくつかあるが，既習の図形と関連させるのであれば，図形を切り取り，長方形とみなす考え方が良いだろう。平行四辺形の一部を垂直な直線を利用して分割し，直角三角形を作る。その直角三角形を移動することにより，面積は同じまま（底辺と高さも変わらない），長方形が完成する。「たて×横」の考え方により，平行四辺形の求積方法にたどり着くのである。台形の場合は，平行四辺形が既習の状態であることを前提とする。台形の求積方法もいくつかあるが，公式である「（上底＋下底）×高さ÷2」と関連付けやすいものについて説明する。台形の場合は，先ほどの直角三角形と同じように，合同な図形を反転・移動させ，平行四辺形とみなすことによって面積を考えることができる。この2つ分の台形（1つの平行四辺形）の面積は，「底辺（上底＋下底）×高さ」で求めることができるので，もとの台形の面積はその半分で

ある。こうして考えることにより、「÷ 2」をすることの意味理解にもつながる。

このように、面積の公式に関わる事項は、公式の暗記に留まらず、その導出方法の理解までを網羅することにより、さらに理解の幅が広がるだろう。こうした指導を継続的に行うことにより、一般的な形ではない（形状や位置が異なる）ものであっても、公式の導入方法に立ち返り、正確に図形の構成要素を抽出することができる視点の育成につながるのである。

【体積に関わる留意事項】

ここまで、平面図形に関する事項が続いたが、立体図形、とりわけ体積の扱いについても触れておく。学習内容に限らず、立体図形に関する内容は平面図形と比べ、難しく感じやすい傾向がある。その原因として、空間を把握する認知能力やあくまで学習の際は紙面という「二次元」で扱うほかないという現状など、先行研究によっていくつか指摘されてきた。近年では、そうした図形を捉えている「視線の動き」や「脳活動」を測定することにより、認識特性の傾向を明らかにしようとする生理学データの研究も進んでいる。今後の動向についてもぜひ注目してもらいたい.

さて、ここでは上述した面積に関わる留意事項と対応させながら体積の定義や指導の留意点について説明していく。図 7.11 は、$1cm^3$ の定義と直方体の体積について図解を用いて説明するために提示している。面積の定義を確認しておくと、「1 辺が 1cm で囲まれた正方形の面積を $1cm^2$ とする」であった。体積の場合、「1 辺が 1cm で囲まれた立方体の面積を $1cm^3$ とする」であるが、面積の定義と併記することには意図がある。学習内容の 1 つである、立方体の体積の公式は「1 辺 × 1 辺 × 1 辺」であるが、「1cm × 1cm × 1cm」を変形すると、「$1cm^2$

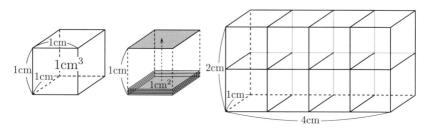

図 7.11　$1cm^3$ の定義と直方体の体積

× 1cm」つまり，「底面積×高さ」と考えることができる。具体的なイメージの例として，折り紙の束やコピー用紙などを想起して欲しい。体積という空間の奥行きを含めた捉え方に加え，同じ形の平面が積み重なっているという捉え方も重要である。後に登場する，様々な立体を組み合わせた複合的な図形の求積において，もちろん既習の立体に置き換えたり，分解したり，結合したりすることによって求積することも可能であるが，同じ高さを共有している場合などは，こうした「底面積×高さ」の積み重なりの考えが重要となってくるのである。また，1cm^{3}の集合体が立体を構築しているという考え方を，実物を用いた具体的操作を学習に組みこむことも指導においては有効的である。「2cm，4cm，1cm」の情報が与えられた状態で直方体の体積を考えてみよう。公式を知っているのであれば，「たて×横×高さ」や「底面積×高さ」などを用いて瞬時に体積を求めることは可能である。しかし，求積の方法に留まることなく，その直方体を構成する要素の中に，基準となる立方体がいくつ潜んでいるのか，という立体図形の把握も学習の中に組み込んでいきたい。1cm^{3}の立方体が上に2つ，横に4つ敷き詰められて並んでいる状態であるから，体積を8cm^{3}と数えることができる。基本的な事項が確認できたあとは，1cm^{3}の立方体のブロックを用意し，指定した体積に応じて自由に立体図形を創作する活動などを取り入れてみてほしい。立体図形を構築する際に，基準となる形に注目することに加え，「1かたまり」を自分でどうやって構築するか，捉えるか，という立体図形を把握する上での豊かな認知的能力の育成につながるのである。

　平面図形，立体図形に限らず，学習に登場した図形と似た形を身の回りから探したり，身の回りの図形を既習の図形に置き換えたりする活動も大切である。平面図形ならば，道やふろ場，トイレなどに敷き詰められたタイル，立体図形ならばキャラメルの箱，筒状のポテトチップスなど，同じ形が並んでいたり積み重なっている状態を見つけたりことなどが挙げられる。高学年段階になるにつれて，学習内容の抽象度は上がっていく一方で，こうした身の回りの生活と対応した学習を組み込むという指導は，指導者側の手腕が問われるところなのである。

7.3 「図形」領域における実践事例

第3節では，「図形」領域における実践事例として，低学年1～3年生と，高学年4～6年生の具体的な教育実践例を1つずつ取り上げる。

7.3.1 低学年の具体的な教育実践例

ここでは，小学校第2学年を対象とした「三角形と四角形」の単元での定義や分類に関わる教育実践事例について取り上げる。

(1) 概要

図形の構成要素として辺，角，頂点などについては，小学校低学年段階においても扱いやすい。とりわけ，第2学年においては，これまで「さんかく」「しかく」と捉えていた図形に対して，「三角形」「四角形」と定義付ける学習内容がある。ここでは，単に指定された形を選択するのではなく，どのような根拠を持ってその形（名前）であるかを，図形の構成要素に着目して判断し，場合によっては類別することができる視点の育成が重要である。

以降，紹介する学習内容については，低学年段階で留意すべき「定義」の扱いや，三角形や四角形などの代表的な図形において，どこに着目すべきかを指導者側が留意する重要性について説明する。

(2) 目標

実践の目標は，次のとおりである。

1) 三角形や四角形などについて，図形の構成要素に着目してそれらの特徴を捉えることができること。

2) 見慣れない図形に対しても1)と同様のことができるようになること。

(3) 実践例

三角形・四角形の定義に関しては上述した通りである。しかし，小学校低学年段階に「定義」という用語含めて難解な用語や言い回しは避けるべきである。例えば，三角形を指導する際は，「3つの辺で囲まれた図形」を捉えさせるために棒やひごなどを用いて実際に形を提示したりいっしょに作成したりといった具体物を用いた活動も有効である。「囲まれている」ということがどういう状態であ

るかを言語ではなく，視覚で，触覚で確かめるという経験が図形を捉える視点の育成につながるのである。

　次の段階は平面上に描画された図形を正しく識別，判断し，場合によっては種類ごとに類別することができるところまで目指していく。図 7.12 は三角形を例に正しいものとそうでないものを類別したものである。ここで着目すべきことは，「3 つの辺で囲まれている」という判断基準をどのように確認していくか，ということである。⑦や④のように，底辺が水平な状態である三角形に加え，図形が回転・移動したものに関しても提示し，判断する経験を積むことが重要である。また，「⑦〜①で同じところは？ちがうところは？」などのように，同じ三角形においても様々な特徴を押さえることも大切である。⑦〜⑦は全て三角形ではない。ここでは，なぜこれらが条件を満たさないかを「定義」に立ち返り説明する活動などが有効だろう。特に⑦〜⑦のように曲線を含むものに関しては要注意である。「曲がっているもの」に関しての認識は低学年段階では乏しいため，安易に概形のみで判断する場合もある。

　さらに，三角形を指導した後に四角形を導入し，それぞれを混ぜ合わせた状態で上記のような活動を繰り返してもよい。大切なことは，「定義」やそれに関わる用語などの数学的な要素をそのまま扱うことはできなくても，その背景に触れることはどの学年でも可能ということである。

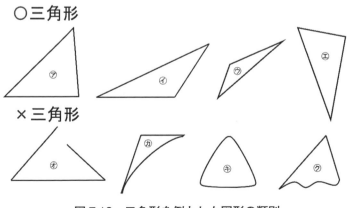

図 7.12　三角形を例とした図形の類別

7.3.2 高学年の具体的な教育実践例

ここでは，津田・黒田（2018）を参考に，小学校第5学年を対象とした「円と正多角形」の単元での円周率に関わる教育実践例について取り上げる。

(1) 概要

上述したように，小・中学校段階において，対象となる図形の構成要素の理解に課題があることが考えられ，図形の性質を見出し，その特徴を理解することが重要であると考えられる。第5学年以降では，合同な図形や円と正多角形など，2個以上の図形を比較するという図形間の関係について捉え，図形の構成する要素に着目する見方や考え方が必要となる。

そこで，本実践においては，円とそれに内接・外接する正多角形の関係に着目し，図形間の構成要素や性質理解を促す教材開発に着手し，実践した。具体的には，「アルキメデスの原理」を参考に，多角形の辺の数を増やしていき，実測することで，「内接する正多角形の周の長さ＜円周＜外接する正多角形の周の長さ」と円を正多角形で挟み込む考え方により，円周率の導出を体験する。実際，小学校段階においては，円周は直径の3倍より少し大きいことを見当づけるまでの扱いとなっている。これは使える数学的内容が限られているためであるが，中学校段階で学習する「三平方の定理」や高等学校で扱われる「三角比」などの学習内容，さらには関数電卓などの計算機器を活用すれば，より円に近い正多角形による演習の近似が可能となる。

このように，円と正多角形に関する学習内容は，応用可能な要素を多く含む単元であり，教材開発や指導法の工夫により，他学年においても実践できる。

(2) 目標

実践の目標は，次のとおりである。

1) 円とそれに内接・外接する正多角形との関係について理解すること。
2) 実測を伴う活動により，円周率へ接近していく方法の理解や体験を通して，図形の構成要素や性質について理解すること。

(3) 実践例

まず，円周の長さを求めるために，どのような方法が考えられるかを検討す

る。公式をすでに学習している場合でも，そうでない場合においても，円周を求めるそのプロセスに関して数学的に説明することは難しい。簡易な測定方法として，ひもなどを用いて外周を囲み，直線に戻すという方法がある。円とそれに内接・外接する正多角形を提示し，「どれが1番長いかな？」のように問いかけると，素朴に「外側にあるほうが長い」と答える場合が多いだろう。図7.13は，指導者側が黒板でそれぞれの図形の長さを直接比較し，提示しているものである。「内接する正六角形の周の長さ＜円周＜外接する正方形の周の長さ」という関係を全体で共有した後，具体的な数値を導出することを促す。

次に自力解決を指示する。具体的に，「直径10cmの円の場合」と条件を設定し，内接する正六角形・外接する正方形の周の長さを求める。この条件下であれば，「30cm＜円周＜40cm」となり，簡易に求めることができる。ここで，それぞれの周の長さを「円に近づけるためにはどうすればよいか」という問いが生まれる。既習の学習からさらに発展し，円に内・外接する正多角形を作図する必然性がここで出るのである。

その後は，集団解決に移行する。「正八角形→正十角形→正十二角形→…」と辺の数を増やしいくことで，「30.6 → 30.9 → 31.0 →…（数値は概算）」となっていく。辺の数を増やせば増やすほど，測定が困難になっていくため，あくまで大まかな数値を把握することに留めておいたほうがよいだろう。円周に近い値を求めることを確認しつつ，この段階では円周の下限値が明らかになっただけであることを伝える。これはより正確な値に近づけるにあたって，上限値の存在にも触れることができる（下限値・上限値ともに，本題材であれば31.4cmに近づいていく）。

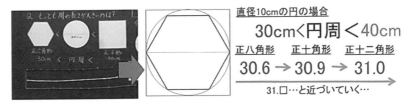

図7.13　ひもの長さによる直接比較と辺の数増加に伴う円周率への接近

研究課題

1.「図形」領域における児童の認識（正答・誤答の傾向）を列挙し，その要因について整理しなさい。

2.「図形」指導の目標と内容を整理し，学年間の関連付けを行なって記述しなさい。

3.「図形」領域の中から単元を一つ取り上げ，指導の要点を踏まえた学習指導案を作成しなさい。

引用・参考文献

国立教育政策研究所，教育課程研究センター「全国学力・学習状況調査」，ホームページ，2022 年 4 月 20 日閲覧，https://www.nier.go.jp/kaihatsu/zenkokugakuryoku.html

黒田恭史（2017）『本当は大切だけど，誰も教えてくれない算数授業 50 のこと』明治図書，東京，pp.126-127

岡本尚子編著，黒田恭史分担執筆（2018）『算数科教育 第 6 章図形』ミネルヴァ書房，京都，pp.75-89

文部科学省（2017）『小学校算数学習指導要領（平成 29 年告示）解説 算数編』日本文教出版，東京

啓林館発行（2021）『読んで学ぶ数学の本質 Focus Gold Junior』啓林館，大阪，pp.128-129

津田真秀，伊藤友輔，髙橋正人，保科一生，上田美智穂，藤澤薫里，黒田恭史（2020）『休校期間中における算数科の習熟度に関する研究 ―これからの対面・家庭学習の構築を目指して―』数学教育学会 2020 年度秋季例会発表論文集，pp.56-58

津田真秀，黒田恭史（2018）『小学校算数科の図形領域における曲線に関する教材開発と教育実践』京都教育大学教職キャリア高度化センター教育実践研究紀要，第 1 号，pp.55-63

第8章

測定・変化と関係の教育

本章では，小学校算数科における「測定・変化と関係」の教育について述べる。第1節では児童の認識について言及する。第2節では算数の内容について解説する。第3節では具体的な教育実践例について紹介する。

8.1 「測定・変化と関係」領域における児童の認識

第1節では，まず，小学校算数科の「測定・変化と関係」領域における指導の要点を整理する。次に，日本国内の代表的な学力調査として，2012年度以降の「全国学力・学習状況調査」の結果を概観し，「測定・変化と関係」領域における児童の認識について言及する。

8.1.1 「測定・変化と関係」領域における指導の要点

量と測定，数量関係についての教育内容は，今回の学習指導要領から「C 測定（第1〜3学年）」と「C 変化と関係（第4〜6学年）」の領域に設定された（一部は他領域に設定）。「測定」領域では，量の概念，比較，単位，測定を学習する。「変化と関係」領域では，伴って変わる二つの数量の関係や対応の特徴を見出して，その関係を表や式，グラフを用いて考察することを学習する。

(1) 「測定」領域の指導の要点

「測定」領域の指導に関して重要なことは，黒田（2018）の指摘をまとめると，

次の3点となる。

【「測定」領域】

> ① 各種の量の特徴と相互の関係性について理解すること。
> ② 実在から量を正確に抽出し，各種の量に対応した測定器具を用いて，正確に量を測定すること。
> ③ 各種の量の性質を正確に理解した上で計算すること。

　①については，各量の概念を体系的に理解しておくことが指導者に求められる。例えば，長さや角のように空間に存在する量，重さや時刻・時間のように視覚からは正確に把握できない量，速さや割合のように実在に合わせて作り出した量などがある。量の相互の関係性については，例えば，長さや時間は実在そのものを抽出し数値化された単一の量であるのに対して，速さは運動している物体を正しく捉えるために，実在する長さ（距離）と時間を相互に複合させた量であるという違いが見られる。さらに，複合された量の中でも速さや密度のように異種の量で複合された量もあれば，濃度や円周率のように同種の量で複合された量もある。したがって，各種の量の概念や相互の関係性を，言葉の意味と数学の定義に基づいて正確に理解しておくことが重要である。

　②については，量は現実場面に実在するものであり，実在から要素を取捨選択して量を捉えること，測定器具を用いて正確に取り出し数値化することが必要である。すなわち，広さ（面積）や割合などを計算することに特化した形式的な指導だけでは，児童に量の有用性を実感させたりする点で十分ではないということである。こうした活動をもとに抽象的な計算を行うことで，児童は得られた結果を現実の場面に適用して意味付けたり，活用したりできるようになり，そのことが量の有用性の実感へとつながるのである。したがって，低学年の段階は，量の学習が机上の学習で留まることなく，児童自らが現実場面から量を見出し数値化するような実践的な活動を取り入れて，量の概念の素地を養えるような指導を行うのが望ましい。

　③については，各種の量の性質に対する正確な理解が，計算の妥当性を確かめたり，新たな問題の方向性を見出したりする上では重要であるということであ

る。ここでの量の性質としては，不変性，演算関係，大小関係，連続性などが挙げられる。不変性とは，長さ1mのロープを変形，分割したり，その位置を変えたりしても，全体としての長さは1mと変わらないということである。演算関係とは，重さ10kgと重さ20kgの金属の合計は重さ30kgになるといった加法性が成立することが挙げられる。また，加法における交換性も成立する。その一方で，濃度10%の食塩水と20%の食塩水を合わせても濃度30%の食塩水とはならず，加法性が成立しない。したがって，指導者は，これらの違いを事実として確認するだけでなく，その原理や仕組みを正確に理解しておくことが大切である。

(2)「変化と関係」領域の指導の要点

「変化と関係」領域の指導に関して重要なことは，岡部（2018）の指摘をまとめると，次の2点である。なお，番号④・⑤は「測定」領域からの通し番号である。

【「変化と関係」領域】

> ④ 現実場面から抽出した二つの数量の関係に着目し，その数量の変化と対応の特徴を分析すること。
>
> ⑤ 現実場面から見出した変化や対応の規則性を活用し，その過程や結果を表現したり，説明したりすること。

④については，数や図形を分析する際には，そのもの自体に着目すればよかったのに対して，割合や比例などの数量関係を扱う際には，現象から二つの数量を見出しその変化や対応の特徴を分析することが要求される。「変化」とは，片方の数量が増減するとそれに伴ってもう片方の数量はどのように増減するのか，「対応」とは，片方の数量が一つ決まると，もう片方はどのような規則をもって決まるのかを表す。これらは中学校・高等学校の関数分野でも継続的に学ぶことになるが，数量関係を見い出し，その特徴を分析することが難しいといわれている。したがって，児童が目的に応じて観察・測定・実験などを行なって現象から数量を抽出し，変化や対応についての規則性を見い出す活動が大切である。

⑤については，現象から見出した数量に対する変化や対応の規則性をもとに，その思考過程や結果を表・グラフ・式で表現したり，説明したりする学習が重要である。表は得られた数量を記録し，その変化や対応の特徴を読み取ったり，式

やグラフを作成したりするときに扱うものである。グラフは数量の変化や対応の関係を視覚的に分かりやすく示したり，現象全体の傾向も把握したりするときに扱うものである。式はグラフよりも正確な数量の情報を与えたり，抽出していない数量の理論値を算出したりする際に扱うものである。したがって，表・グラフ・式を相互に関連させることで，それらを包括している関数の理解が深まることや，より進んだ現象の分析が可能になるといった関数の有用性を指導することが重要である（深尾 2022）。

8.1.2 「測定・変化と関係」領域における調査結果

8.1.1 項で述べた「測定・変化と関係」領域の指導の要点における児童の認識について，2007 年度から毎年実施されている「全国学力・学習状況調査」の調査結果や数学教育学の研究成果をもとに解説する。

(1) 量の概念（指導の要点①）

長さは 1 次元へ広がる量であるのに対して，広さは 2 次元，かさは 3 次元へ広がっていく量である。広さ・かさは長さをもとに多方向に広がっていくという量の捉え方が容易でない。2012 年度に実施された「全国学力・学習状況調査」の算数 A の ⑤ (1) では，はがきの面積が約何 cm^2 であるかを選択する問題が出題された。調査結果について，2012 年度の全体平均正答率（算数 A）は 73.5% となっており，本正答率は 60.7% であった。面積を縦と横の二つの長さで捉えることに課題がある。

重さは，視覚的な情報からその量を判断する点に難しさがある。また，重さは体積と独立しており，同じ体積の物でも重さは異なる場合があることの理解や，気体，液体，固体などの各場合について重さの加法性を確かめることが容易でない（遠山 1960）。

時刻と時間は，60 進法（1 時間は 60 分）や 24 進法（1 日は 24 時間）のように，一つの量の中で多様な位取りの構造をもつ特殊な概念である。時刻と時間の定義はそれぞれ異なるものであり，これらの概念を正しく理解して計算することに困難さがある（後述(3)）。

速さは，長さ（距離）と時間の二つの量から作り出される複合された量である。

「距離÷時間」によって求まる速さとしての数値と，実際に児童が体感する速さ
に対するイメージとの対応を示すことが難しい（黒田 2010）。また，単位量あた
りの大きさや割合に関する内容理解も長年の課題となっている（後述(4)）。

(2) 量の比較，単位，測定（指導の要点②）

長さの比較や重さの測定についての理解はどうであろうか。2017 年度に実施
された算数 A の $\boxed{4}$ では，図 8.1 のような同じ大きさのいくつか分で比較可能な
測定方法として適するものを選択する問題を出題している。長さ比べは第 1 学年，
重さの測定は第 3 学年で学習する。調査結果について，2017 年度の全体平均正
答率（算数 A）は 78.8% となっており，本正答率は 70.8% であった（正答は「選
択肢 1, 4」）。誤答の中で多かったのは，「選択肢 1, 3」が 7.1%，「選択肢 3, 4」が 6.7%
であった。約 17.3% が「選択肢 3」を解答していることから，長さ比べについては，
「直接比較（対象物同士を直接比較する方法）」と「任意単位による比較（共通す
る事物を用いて対象物を比較する方法）」の違いが区別できないことに課題があ
る。また，約 15.9% が「選択肢 1」を解答していないことからも，測定器具のて
んびんが，任意単位による比較の役割を担っていることの理解が十分でない。

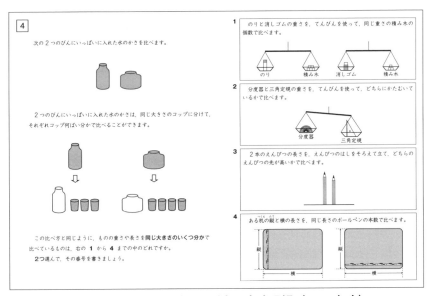

図 8.1　長さ比べと重さの測定の意味理解（2017 年度）

(3) 量の計算（指導の要点③）

時刻と時間の計算についての理解はどうであろうか。2014 年度に実施された算数 B の $\boxed{3}$ (1)では，図 8.2 のような条件に合う時間を求める問題を出題している。時刻と時間の計算は第 3 学年で学習する。調査結果について，2014 年度の全体平均正答率は 58.4% となっており，本正答率は 38.8% であった（正答は「27 分間」）。誤答の中で多かったのは，「37 分間」が 8.7%，「30 分間」が 8.6% であった。「37 分間」は，午後 0 時 45 分から問題文にある食事の 5 分間と片付けの 3 分間を引いて求めていること，「30 分間」は，準備の 35 分間から食事の 5 分間のみを引いて求めていたことが挙げられていた。また，2021 年度に実施された算数の $\boxed{1}$ (4)では，条件に合う時刻を求める問題（午後 1 時 35 分から 50 分後の時刻は午後何時何分か）が出題されており，この内容も第 3 学年で学習する。調査結果について，2021 年度の全体平均正答率（算数）は 70.3% となっており，本正答率は 89.3% であった。二つの調査結果を踏まえると，複数の条件が提示され

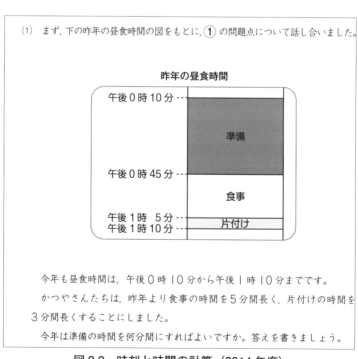

(1) まず，下の昨年の昼食時間の図をもとに，① の問題点について話し合いました。

昨年の昼食時間

午後 0 時 10 分 ---- 準備
午後 0 時 45 分 ---- 食事
午後 1 時 5 分 ----
午後 1 時 10 分 ---- 片付け

今年も昼食時間は，午後 0 時 10 分から午後 1 時 10 分までです。

かつやさんたちは，昨年より食事の時間を 5 分間長く，片付けの時間を 3 分間長くすることにしました。

今年は準備の時間を何分間にすればよいですか。答えを書きましょう。

図 8.2　時刻と時間の計算（2014 年度）

た場面において，時刻と時間の性質をもとに正しく計算することに課題がある。

(4) 数量関係（指導の要点④・⑤）

　単位量あたりの大きさ意味理解に関する児童の認識はどうであろうか。2018年度に実施された算数 A の $\boxed{4}$ (2)では，図8.3のようなシートの混み具合を調べるために，⑦・①の式を使って 1m² あたりの人数を求めた商の意味に適する文章を選択する問題を出題している。単位量あたりの大きさは第5学年で学習する。調査結果について，2018年度の全体平均正答率（算数 A）は 63.7% となっており，本正答率は 50.3% であった（正答は「選択肢1」）。誤答の中で多かったのは，「選択肢3」が 18.4%，「選択肢4」が 18.0% であった。このことからも，問題の状況に対応した⑦・①の式から，もとにする量と比べる量を正確に捉えられていないこと，およびその商の意味を正しく読み取ることができていないことに課題が見られる。

次の表は，シートの上にすわっている人数とシートの面積を表しています。

すわっている人数とシートの面積

	人数（人）	面積（m²）
⑦	16	8
①	9	5

どちらのシートのほうがこんでいるかを調べるために，下の計算をしました。

$$⑦ \quad 16 \div 8 = 2$$
$$① \quad 9 \div 5 = 1.8$$

上の計算からどのようなことがわかりますか。
下の **1** から **4** までの中から1つ選んで，その番号を書きましょう。

1 1m² あたりの人数は 2人 と 1.8人 なので，⑦のほうがこんでいる。

2 1m² あたりの人数は 2人 と 1.8人 なので，①のほうがこんでいる。

3 1人 あたりの面積は 2m² と 1.8m² なので，⑦のほうがこんでいる。

4 1人 あたりの面積は 2m² と 1.8m² なので，①のほうがこんでいる。

図8.3　単位量あたりの意味理解（2018年度）

二つの数量関係の考え方の理解に関する児童の認識はどうであろうか。2022年度に実施された算数の 2 (4)では，図8.4 のような伴って変わる二つの数量が比例の関係にあることから，分かっていない数量の求め方を式と言葉で記述する問題が出題されている。伴って変わる二つの数量の関係は第5学年で学習する。調査結果について，2022年度の全体平均正答率（算数）は 63.3% となっており，本正答率は 48.3% であった（正答は「600」）。問題に対する答え 600mL を記述できているのは，81.1% が該当した。誤答では，果汁の量 180mL が 30mL の 6倍であること，そこから比例の関係を用いて果汁の量が 180mL のときの飲み物の量を求める式や言葉を記述することができていなかった。答えに至るまでのプロセスを正しく説明できないことに課題が見られる。

　ゆうかさんは，かいとさんが気づいたことをもとに，次のように考えました。

ゆうか

　下の表のように，果汁の量が□倍になると，それにともなって飲み物の量も□倍になるのではないでしょうか。このことを使えば，果汁の量が 180 mL のときの飲み物の量を求めることができますね。

□倍

果汁の量　（mL）	30	60	90	・・・	180
飲み物の量（mL）	100	200	300	・・・	?

□倍

　果汁の量が 180 mL のときの飲み物の量は，何 mL になりますか。
　180 mL が 30 mL の何倍かをどのように求めたのかがわかるようにして，飲み物の量の求め方を式や言葉を使って書きましょう。また，答えも書きましょう。

図8.4　二つの数量の関係の理解（2022 年度）

8.2 「測定・変化と関係」領域における算数の内容

　第2節では，小学校算数科の学習指導要領（2017年度告示）における「測定・変化と関係」領域の目標と教育内容について整理し，これらの指導内容の土台となる算数・数学の内容について解説する。

8.2.1 「測定・変化と関係」領域の目標

　8.1節で述べたように，小学校算数科の「測定・変化と関係」領域の指導では，現実場面から実在する量を抽出・測定して，正確に四則計算することや，数量関係の知識や考え方を活用して問題解決することのできる能力の育成が求められている。数学教育学の先行研究や国内学力調査の「全国学力・学習状況調査」の結果を踏まえると，児童に身に付けさせたい能力は，次の6点が挙げられる。

【児童に身に付けさせたい能力】

> ① 各種の量の特徴と相互の関係性について理解したり，説明したりすること。
>
> ② 実在から量を正確に抽出し，各種の量に対応した測定器具を用いて，正確に量を測定すること。
>
> ③ 各種の量の性質を正確に理解した上で計算すること。
>
> ④ 現実場面から抽出した二つの数量の関係に着目し，その数量の変化と対応の特徴を分析すること。
>
> ⑤ 現実場面から見出した変化や対応の規則性を活用し，その思考過程や結果を表現したり，説明したりすること。
>
> ⑥ 問題解決のために，数量関係の知識や考え方を応用すること。

8.2.2 「測定・変化と関係」領域の教育内容

　2020年度から全面実施された小学校算数科学習指導要領（文部科学省 2018）に記されている「測定・変化と関係」領域の各学年の主な教育内容をまとめると，表8.1のようになる。「測定」領域では，長さ，広さ，かさ，重さ，時刻と

時間などの内容が扱われている。「変化と関係」領域では，単位量あたりの大きさ，割合，速さ，比例，反比例，比などの内容が扱われている。特に，割合の理解困難が課題となっていることからも，今回の学習指導要領から，第4学年に「簡単な場合についての割合」が設定されることとなった。

8.2.3 「測定・変化と関係」領域の指導内容

ここでは，「測定・変化と関係」領域の指導内容について，表8.1の学年の指導場面とその背景にある算数・数学の扱いをセットで解説する。そうした理由は第6章と同様であり，算数科の学習内容と数学との関連性や，実際の指導でどの

表8.1 「測定・変化と関係」領域の各学年の主な内容

学年	測定（第1～3学年），変化と関係（第4～6学年）
第1学年	• 量と測定についての理解の基礎 （量の比較：直接比較，間接比較，任意単位による比較） • 時刻の読み方
第2学年	• 長さ，かさの単位と測定 （mm, cm, m，および mL, dL, L） • 時間の単位 （日，時，分）
第3学年	• 長さ，重さの単位と測定 （km，および g, kg, t） • 時刻と時間 （秒）
第4学年	• 伴って変わる二つの数量 （変化の様子と表や式，折れ線グラフ） • 簡単な場合についての割合
第5学年	• 伴って変わる二つの数量の関係 （簡単な場合の比例の関係） • 異種の二つの量の割合 （単位量あたりの大きさ，速さ） • 割合，百分率
第6学年	• 比例，反比例 • 比

（出典：文部科学省 (2018) のものを要約）

ように工夫・改善できるのかを理解することが，高い専門性を有した力量の育成につながると考えたからである。

（1）第1学年の指導内容

A. 長さ・広さ・かさの比較

　第1学年では，量と測定を理解するための基礎として，長さ比べ，広さ比べ，かさ比べを学習する。児童は日常生活の中で，長さや広さを比べる経験をしており，「長い」「短い」，「広い」「狭い」，「大きい」「小さい」という言葉を使ってきている。これまで漠然と使ってきた長さ，広さ，かさの概念を数学の世界を介して正確に理解することがねらいとなる。これらの量の概念を指導するときには，「量の4段階指導」と呼ばれるものが取り入れられている。直接比較，間接比較，任意単位による比較，普遍単位による比較という手順を踏むことより（普遍単位は第2学年で学習），児童は量の比較方法を学ぶとともに，単位の必要性や有用性を実感できるようになる（遠山 1960）。

【量の4段階指導】

> **直接比較**：比較する対象物同士を直接重ねたり並べたりして量の大小を比べる。
>
> **間接比較**：比較する対象物とは異なるものに変えて，それをもとに量の大小を比べる。
>
> **任意単位**：共通する事物を用いて量の大小を比べる。
>
> **普遍単位**：国際的に共通の単位となっているもので量の大小を比べる。

　指導の中で大切なことは，任意単位の比較を通した量の数値化である。図8.5の左部のように，消しゴムとクレヨンの長さ比べは，直接比較や間接比較でも可

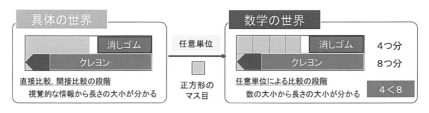

図8.5　長さ比べ

能である。この場合，具体の世界の中で，対象物を重ねたり並べたりして，視覚的な情報をもとに長さの大小が決定されることになる。これは，対象物を移動させても長さは変化しないという「位置に対する不変性」によるものである。そして，図内の右部のように，正方形のます目一つ分を任意単位として扱うことによって，数学の世界を介して，消しゴムがます目４つ分，クレヨンがます目８つ分と長さを間接的に数値化することが可能となる。これにより，数の大小を比較することをもってして，長さの大小をより客観的に判断できるようになるのである。こうした活動に取り組むことが長さの概念を数学的に理解することの素地となる。さらに，この後に学習する広さ比べ，かさ比べにおいても，同様に学習が展開されていく。特に，任意単位による比較は，「B 図形」領域での面積，体積を求めることへの理解につながるため，具体的な活動をもとに丁寧に指導する必要がある。

B．時刻の読み方

第１学年では，時刻の基本的な読み方について学習する。時刻とは，時の流れの各瞬間であり，１点すなわち位置を示すものである。時刻は，「午後２時よりも午後３時の方が長い」という大小関係は考えない。時間とは，時刻のある点から点までの２点の長さを示すものである。時間は大きさを問題とするため，「２時間よりも３時間の方が長い」という大小関係を考える。第１学年での時刻についての指導では，何時と何時半のみに限定して時刻の読みに慣れさせてから，全般的な時刻の読み方の指導がなされる。ここでは，児童の日常生活との関連を図りながら，時計模型使った操作的な活動をもとに，時刻の読みを習得することが重視されている。

時刻の読み方の指導については，次の点に留意することが大切である。時刻は短針と長針の位置によって一意に決定するが，短針は１から12までの数字をもとに「時」を読み，長針は０から59までの数字をもとに「分」を読むため，一度にたくさんの数を扱うことに慣れていない児童にとっては理解が容易ではない。また，短針の数字「10」を「10時」と読むことができても，長針の数字「10」を「50分」と読むためには，時間の概念やかけ算の理解も必要となるため後者の方が難しいとされている。実際の指導では，長針が「10」の位置を指した場合は，「50分」と記憶することで対応せざるを得ない。そのため，第２・３学年で扱わ

れる時間やかけ算の学習後にその意味を補足していくのが望ましい。さらに，時刻が午前7時40分のように，短針の位置が7と8の数字の間にある場合，時刻を特定することが難しい。長針の動きは右回りになっており，その間にあるということは，まだ午前8時にはなっていない（これからなろうしている）ことからも，児童自身が体感している時の流れと，短針・長針の位置関係を対応させて判断できるように指導することが大切である。

(2) 第2学年の指導内容

A. 長さの測定

第2学年では，量の4段階指導の「普遍単位による比較」を導入し，ものさしを使った長さの測定と，単位の「cm」「mm」「m」を学習する。実際の指導では，第1学年で学んだ「任意単位による比較」の限界を確認し，共通の単位の必要性を理解させることから始まる。そして，対象物の長さを測定するといった技能の習熟が図られていく。さらに，第3学年では，距離や道のりの違いについて知り，その長さを表す「km」の学習へと拡張されていく。

ここで，長さの定義を改めて確認しておく。長さとは2点間の距離のことである。様々な事物に対して，二つの点を決めればその隔たりが長さであり，数値化することができる。長さの存在については，直線と曲線の長さがあることを知っておく必要がある。長さの測定については，図8.6のようなネズミが㋐〜㋒を通ってチーズのある所まで行くときに，最短距離で辿り着けるのはどれかを考えてみ

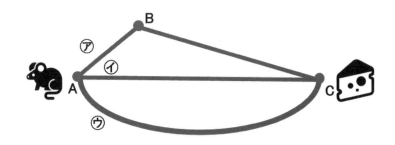

㋐は折れ線，㋑は水平な線分，㋒は曲線である。
これらの長さの大小を数値化して比較するためには？

図8.6　様々な長さの測定

る。児童も直感的・視覚的に判断して④が答えであると述べるだろう。では，な
ぜそう言えるのだろうと問いかけてみて，⑦〜⑨の長さを数値化して比較するこ
との必要性に気付かせることが大切である。以下では，⑦が11cm（線分 AB が
4cm，線分 BC が7cm），④が15cm，⑨が20cm として，長さの測定について
の指導の要点を述べる。

④のように水平な線分 AC の長さをものさしで測定するときは，端点 A を目
盛り0に合わせると，もう片方の端点 C の目盛り15が線分 AC の長さ15cm に
なるため測定の手順が単純化される。これは，長さをより正確に測定するための
作法であり，端点を目盛り0に合わせなくても，ものさしを置いたときの2点の
数値（例えば，11 と 26）が分かれば，26cm － 11cm ＝ 15cm と長さが求めら
れることも併せて理解させたい。

⑦は線分 AB と線分 BC の長さをそれぞれ求めて，4cm ＋ 7cm と足し合わせ
ることで⑦全体の長さ11cm が求められる。この考え方は，長さの加法性が成
立することをもとにしている。また，4cm ＋ 7cm ＝ 7cm ＋ 4cm といった交換
性が成立することも確認させるとよい。ただし，今回のように傾きがついた線
分 AB, BC の長さを測定する場合は，その傾きに合わせてものさしを置くこと
を苦手とする児童がいるため，④の場合よりも丁寧な指導が求められる（黒田
2017）。

⑨の曲線の長さを求めるときは，糸やひもなどの媒介物を使うことで求められ
る。実際の指導では，糸やひもを曲線上に沿うように置かせて，まっすぐにピン
と伸ばしてから測定させるとよい。この活動は，糸やひもなどの形状を変化させ
ても，全体の長さは20cm で変化しないという「形に対する不変性」の性質に基
づくものである。

上記では，⑦〜⑨の長さの大小を数値化して比較を行なった。さらに，長さ
の発展的な扱いとして，2点間の最短距離は直線であることが挙げられる。図内
の⑦と④の長さについては，いずれも点 A を起点とするが，⑦は点 B を経由し
てから点 C に到達するため④よりも遠回りである。よって，⑦の方が④よりも
長さが大きいのである（このことは定理であるため証明が必要）。ただし，⑦と
④の長さが等しくなる場合があり，それは点 B が線分 AC 上にあるときに限る。

すなわち，2点A, C間の最短距離は直線であり，小学校算数科で直線の長さを求めるときは，2点間の最短距離を求めることに他ならない。

B. かさと単位

　第2学年では，かさ（体積）の測定と単位について学習する。ここでは，かさの測定と単位「dL」「L」「mL」の意味を理解したり，かさについての量感を身に付けたりすることがねらいとなる。実際の指導では，現実場面に実在するものの中に入る量を調べるために，水のかさに着目させて，かさの大小を比較させる。この場合についても長さや広さなどと同様で，任意単位による比較の限界を確認した後，水のかさを共通の単位を用いて表すために単位「dL」を導入する。さらに，大きな水のかさを表すために単位「L」や「mL」も扱って，それらをもとにかさの加減計算を指導する。

　かさの単位の指導については，各単位の意味と関係性を理解させることが大切となる。「dL」の「d」は「デシ」と呼ばれ「10分の1」を意味する。dはLの前に付随しているので，Lの10分の1であることから，1L = 10dLとなることを確認する。児童は，1よりも10の方が数値としては大きいため10dLの方が大きいと誤答しがちである。児童自らがそうした間違いに気付けるように，1dLますを使って1Lの容器に水を入れる実測による確認作業は必要である。そして，この後に学習する「mL」の「m」は「ミリ」と呼ばれ「1000分の1」を意味する。1L = 1000mLであることに加えて，学んだ「dL」との関係性にも目を向ける必要がある。また，長さも1m = 100cmであることを踏まえれば，「cm」の「c」は「100分の1」を意味することも理解ができる。

　上記で述べた単位について，m, kg, sなどの単位は「基本単位」，d, c, mなどの単位は「補助単位」，cm², m²などの単位は「組立単位」と呼ばれている。ちなみに，「L」は日常生活の中にはよく見られる単位ではあるが，国際的に認められた単位ではない。この後には，単位変換を伴うかさの加減計算も学習するが，体験的な活動で培った量感を使って答えの概算や確かめも取り組ませるとよい。

(3) 第3学年の指導内容

A. 重さ

　第3学年では，重さの比べ方，はかりの使い方について学習する。実際の指

導では，量の４段階指導をもとに重さの比べ方を考えさせて単位「g」「kg」「t」を導入し，身の回りにある様々なものをはかりで測定させる。さらに，重さの加減計算やその性質についても指導する。

重さの指導については，次の点に留意することが大切である。まず，重さや時刻・時間は，長さや広さなどとは異なり，視覚的な情報からその量を判断することができない概念である。そのため，「重さ」と「かさ（体積）」は独立した量であるといえる。例えば，図8.7の左部のように，重さと体積は，必ずしも比例関係が成り立つわけではない。児童は，「体積が大きい」ということを「重さが大きい」と捉える傾向にあるため，重さの比較や測定を通して理解させることが重要である。また，図内の右部のように，重さには不変性と演算関係に特徴があることも押さえておきたい。重さの不変性は，対象物の形が変わっても，全体の重さとしては変わらないことであり，重さの演算関係は，加法性と交換性が成り立つことである（500g ＝ 150g ＋ 350g ＝ 350g ＋ 150g）。例えば，水槽に魚を入れて泳がせた場合，木片を入れて水面に浮かんでいる場合，砂糖を入れて水の中で溶けている場合なども，いずれにおいても加法性が保証されていることを，実験を通して確認するとよい（黒田 2018）。

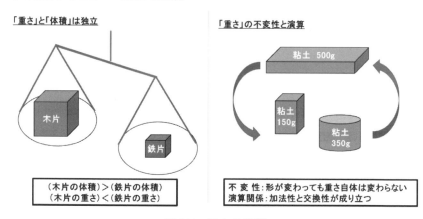

図8.7　重さの特徴

B. 時刻と時間の計算

第１学年では時刻の読み方，第２学年では日常生活の場面から時刻と時間の用語を知り，「日」「時」「分」の関係について学んでいる。これらを踏まえて，第

3学年では，「9時40分から35分後は何時何分か」のような時刻と時間の計算を指導する。実際の指導では，1目盛りを10分として，数直線上を利用して時刻や時間を求めさせる。この考え方をもとに「8時10分より40分前は何時何分か」のような（時刻）−（時間），「30分と40分を合わせると何時間何分か」のような（時間）＋（時間）についての計算方法を理解させ，日常生活の場面に適用できるようにしていく。

　時刻と時間の計算の指導について，次の点に留意することが大切である。（時刻）＋（時間）と（時間）＋（時間）は，常にその計算が可能である。前者について，「9時40分から35分後は何時何分か」のように，長針が12時をまたぐ計算のときは，長針が「8」→「12」→「3」と数値が増えたり減ったりするので複雑になる。このような場合は，数直線の利用も有効な方法の一つではあるが，日常生活では時計を使って時刻を読むことが大半であるため，図8.8のような計算手順を踏まえた指導も併せて行うとよい。

① 短針と長針の位置を確認する
　・短針は「9」と「10」の間，長針は「8」の位置にある。
② 「時」が変わるまでの時間と，変わった後の時間を求める
　・長針が「8」→「12」に動くまでの20分間である。
　・変わった後の時間は，35分間−20分間＝15分間である。
③ 「時」を求める
　・9時40分に20分間を加えるので10時である。
④ 「分」を求める
　・残りの時間は15分間である（長針は「12」→「3」となる）。

図8.8　（時刻）＋（時間）の計算手順

　①は時刻の読み，②は（時間）±（時間），③・④は（時刻）＋（時間）と手順ごとに計算の対象が異なる。①と②は既に学習しているが，③と④はこれらの条件を踏まえて，「時」や「分」を求めることが要求されている。

　8.1.2項の（3）の認識調査結果からもわかるように，複数の条件をもとに時刻と時間を計算することに課題がある。したがって，手順を一つずつ確認しながら，時計模型でその位置を針で合わせたり，動かしたりして体験的に学ぶことで，計算の意味理解を図ることが大切である。また，（時間）＋（時間）については，交換性が成り立つことも併せて押さえておきたい。その一方で，（時刻）＋（時間）

の計算順序を入れ替えてみると,「30分 + 7時40分」となり計算は不可能となる。(時刻) + (時刻) についても,「7時40分 + 8時10分」の計算は不可能であり大小関係も考えない。その他,減法についても,様々な制約がかかるため,計算自体やその性質の内容を十分に理解した上で適切に指導していくことが求められる。

(4) 第4学年の指導内容

A. 伴って変わる二つの数量の関係

　第4学年では,伴って変わる二つの数量に着目し,その特徴について学習する。これらは,第5学年の簡単な場合の比例,第6学年の比例と反比例の学習へとつながる。実際の指導では,水の深さと水の量,正三角形の数と周の長さなどの身の回りの事象に着目し,抽出した数量を表にまとめて変化や対応を考察したり,それらの関係を□や○などを用いて式で表したりして問題解決する。

　伴って変わる二つの数量の関係の指導にあたっては,表を扱うことの意義を理解しておくことが大切である。その意義は,数量の関係を分析するための「変化」と「対応」の特徴を分かりやすく簡潔に表せることにある。具体の世界から数量を取り出して表に整理し,そこに潜む規則性を見出すことにより,現象全体の傾向をより把握しやすくなったり,そこから新たな問題の発見や予測につなげられたりできる点に良さがある。

　さらに発展的な扱いとしては,比例の式と関数の関係が挙げられる（図8.9）。正三角形の場合は正三角形の個数と棒の数が比例関係にあり,その式は「(棒の数) = 3 ×(正三角形の数)」と表せる。正方形の場合は,正方形の数が2倍,3倍になるに伴って,棒の数は2倍,3倍とはならないため比例ではないが,その式は「(棒の数) = 3 ×(正方形の数) + 1」と表せる。これらは比例であるか,そうでないか以外にも,1次関数の式 $y = ax + b$ の定数項が0かそうでないかに違

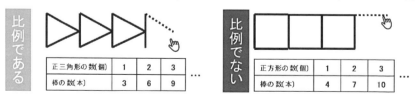

図8.9　比例の式と関数の関係

いが確認できる。これより，比例の式は1次関数の特別な場合であり，1次関数は比例の式を拡張した概念であることが分かる。つまり，比例の視点でみれば両者は異なるものであるが，関数の視点でみれば本質的には同じであることを指導者は理解しておく必要がある。

B. 割合

第4学年では，数量の関係に着目し，差で比較できないことから倍の見方について学習する。第5学年での割合を用いた比べ方や，日常生活で使われる百分率や歩合の利用へとつながっていく。また，第6学年での比の学習にも割合が用いられる。

日常生活において，お店のセールでの「定価1,200円の商品Aが3割引き」や，料理のレシピ本の「味付けは醤油，みりん，酒が1:1:1」など，いたるところで割合の考え方が用いられている。そこで，割合の数学的な定義を改めて確認しておく。数量A，Bについて，AがBの何倍であるかを表した数pを，AのBに対する割合という。Bがもとにする量（基準量），Aが比べる量（比較量）であり，割合は$p = A \div B$という式で表せる。割合に関する計算方法は，次の3つがある。

【割合の計算方法】

> 第1用法：$p = A \div B$・・・割合を求めるもの
>
> 第2用法：$A = B \times p$・・・比べる量を求めるもの
>
> 第3用法：$B = A \div p$・・・もとにする量を求めるもの

一般的に，第2用法，第1用法，第3用法の順で理解が難しいとされている。現実場面から必要な情報を読み取り，割合を正確に計算できないことや，得られた数値を現実場面に対応させて結果を解釈することが十分でない。このように割合の概念を理解できない要因は数多くあると言われている。文章題自体が苦手なのか，分数の計算が苦手なのか，児童によって理解の状況が異なるため，指導者は個々の実態に応じて継続的に指導にあたることが大切である。

(5) 第5学年の指導内容

A. 単位量あたりの大きさ

第5学年では，混み具合の比べ方を通して単位量あたりの大きさについて学習

する。実際の指導では，二つの数量を比較する際の前提条件である一方の量を揃えることの必要性に気付かせるために，数直線を使って考えさせる。そこから混み具合の概念を導入し，人口密度や速さの学習を通して理解を深めていく。

単位量あたりの指導については，次の点に留意することが大切である。単位量あたりは，全体に均等に分布しているという平均の考え方が前提になっている。この前提のもと，単位量あたりでは，二つの数量を比較するために一方の量を揃える。例えば，8.1.2 項の（4）の認識調査問題では，⑦を $16 \div 8 = 2$，⑤を $9 \div 5 = 1.8$ と $1m^2$ あたりの人数で揃えて⑦の方が混んでいると判断している。混み具合は，⑦を $8 \div 16 = 0.5$，⑤を $5 \div 9 \fallingdotseq 0.56$ と 1 人あたりの面積でも判断することができる。さらにいえば，「$1m^2$ あたり」や「1 人あたり」でなくても，「$8 m^2$ あたり」や「9 人あたり」でも一方の量を揃えれば比較できる。それでは，なぜ 1 を基準量として考えるのだろうか。児童にその理由を考えさせて説明できるようになることが，公式の暗記を脱却する糸口にもつながる。例えば，3 つ以上の数量を比較する場面を提示して，その求め方を考えさせるとよい。「1 あたりの量」を使う場合は，与えられた数量同士の除法の商を比べればよいのに対して，使わない場合は，最小公倍数を用いて共通な数値に揃える必要がある。それぞれの考え方を大切にしながら，汎用性という点でいえばどちらが良いかというところに意識を向けさせるとよい。

B. 速さ

第 5 学年では，混み具合，人口密度の続きの内容として速さを学習する。実際の指導では，単位量あたりの大きさの考え方をもとに，速さを表したり比べたりする。また，速さ，道のり（距離），時間の関係を理解し，日常生活に活用できるようにする。

速さの指導については，次の点に留意することが大切である。まず，速さとは，一定時間に物体がどれだけの距離を進むのかを表したものである。速さの公式として，（距離）÷（時間）が挙げられるが，公式の暗記に陥りがちな指導は，速さの公式理解を確かなものとする上で望ましいとは言えない。例えば，速さはなぜ（距離）÷（時間）とするのだろうか。この点について，（時間）÷（距離）と前後を入れ替えた公式を対比して考えてみる。図 8.10 は，4 人が走った記録をまとめた

Bの方がAよりも速い				
異距離 同時間	① 距離 (m)	② 時間 (秒)	①÷② 速さ (m/秒)	②÷① 速さ (秒/m)
Aさん	150	30	5	0.2
Bさん	240	30	8	0.125

Dの方がCよりも速い				
同距離 異時間	① 距離 (m)	② 時間 (秒)	①÷② 速さ (m/秒)	②÷① 速さ (秒/m)
Cさん	100	10	10	0.1
Dさん	100	8	12.5	0.08

①÷②の場合：足が速いことと，速さの数値が大きいことが対応する
②÷①の場合：足が速いことと，速さの数値の大きいことが対応しない

図 8.10　速さの公式

ものである。A, Bの2人が30秒間走ったときの走行距離が異なる場合（異距離同時間）と，C, Dの2人が100mを走ったときの走行時間が異なる場合（同距離異時間）である。速さを（①距離）÷（②時間）で求めたときには，足が速いことと，速さの数値が大きいことが各場合で対応する。その一方で，速さを（②時間）÷（①距離）で求めたときは，足が速いことと，速さの数値が大きいことが各場合で一致しない（実際は数値が小さくなってしまう）。このように，実際の体験的な速さと公式によって求める速さの数値を対応させるために，速さの公式を（①距離）÷（②時間）としているのである。

　速さには種類があり，上述した公式の（①距離）÷（②時間）は，「平均の速さ」と呼ばれている。Cの場合，平均すると1秒あたり10m進んでいるというように（10m/秒×10秒＝100m），単位量あたりの大きさの考え方に基づくものである。しかし，実際の場面を想像すると，走り出してすぐは速さが小さく，中間あたりになると勢いがついて速さが大きくなるのが普通であり，その瞬間ごとに速さは異なっているはずである。このようなある時刻における速さは，「瞬間の速さ」と呼ばれており，高等学校の関数分野で学ぶ微分・積分につながるものである。また，速さがもつ特徴として，時速40kmに時速60kmを足し合わせても時速100kmとならず加法性および交換性は成立しない。この点については，複合された量の密度や濃度も同様である。

(6) 第6学年の指導内容

A. 比

　第6学年では，二つの数量の関係を比で表すことやその意味について学習する。

実際の指導では，日常の生活場面を取り上げ，調理に必要な調味量の関係を比で表したり，等しい比の関係を調べたりする。そして，比の性質を利用して比の値を求める問題にも取り組む。

　比と比の値の指導については，次の点に留意することが大切である。比とは二つの数量 a, b があるときに，a は b の何倍にあたるかを関係で表すものであり，$a:b$ とかく。すなわち，a と b の割合を「:」という記号を使って表されたものを比 $a:b$ と呼ぶ。一方，比の値とは，a は b の何倍にあたるかを数で表すものである。小学校算数科では，第4・5学年で学んだ割合の考え方をもとに比と比の値を定義し，これらを区別せずに $a:b = \dfrac{a}{b}$ と表現する。区別せずに表現することを理解するには，a は b の何倍にあたるかを，比は「関係」，比の値は「数」で表していることへの気付きが必要である。すなわち，$3 + 4 = 7$ のような数同士を等号で結ぶのとは異なり，$a:b = \dfrac{a}{b}$ は，「関係」と「数」を等号で結んでいるのである。また，その後に学習する $a:b = c:d$ も「関係」と「関係」を等号で結んでいる。本来は，関係が等しいことを表す場合は，大学数学で学ぶ同値関係を定めることになるが，抽象的であるがゆえに算数の授業で指導することは現実的ではない。そこで実際の指導では，児童が学んできた割合の考え方を利用して理解を図るのである。比を利用した学習は，中学校数学では三角形の相似，高等学校数学では三角比，比例式や連比などの数と図形の分野で扱われる。

B. 比例と反比例

　第6学年では，比例や反比例の意味や性質について学習する。実際の指導では，二つの数量の関係を表で整理し，比例の式を求めてグラフで表す。比例のグラフが直線になることや必ず原点を通ることを理解させる。また，反比例についても，比例と同様に指導を行うが，反比例のグラフは曲線になること，原点を通らないなどといった比例のグラフとの違いを理解させる。

　指導者は，比例や反比例の概念を理解しておくことが大切である。まず，比例と反比例の定義を確認する。「y は x に比例する」とは，x の値が2倍，3倍，…になるに伴って，他方 y の値も2倍，3倍，…となる関係のことである。この関係は，$y = ax$ と表されて，$a = \dfrac{y}{x}$ の a を比例定数という。比例定数は小学校算数では「決まった数」と呼ぶ。なお，$a = 0$ の場合は，$y = 0$ と定数関数になり

比例ではないので，a は 0 以外の定数とする。「y は x に反比例する」とは，x の値が 2 倍，3 倍，…となるに伴って，他方 y の値は $\frac{1}{2}$ 倍，$\frac{1}{3}$ 倍，…となる関係のことである。この関係は，$y = \dfrac{a}{x}$ と表されて，$a = xy$ の a を比例定数という（a は 0 以外の定数）。つまり，反比例するとは，「y が x の逆数に比例する」を意味する。

　次に，比例と反比例のグラフを確認する。例えば，図 8.11 のように，比例は直方体の形をした水槽に水を入れる時間を x 分，水槽の深さを y cm としたときの関係，反比例は長方形の面積が 12 cm^2 のときの縦の長さが x cm，横の長さが y cm の関係を考える。ここでは，比例のグラフは直線になり，反比例のグラフは直線にならないことを述べる。比例の場合，2 点 A, B 間は，x の値が 1 → 2，y の値が 1 → 2 のように変化しており，その増加量を比で表すと 1 : 1 である。2 点 C, E 間は，x の値が 3 → 5，y の値が 3 → 5 のように変化しているが，その増加量を比で表すと 2 : 2 = 1 : 1 となる。つまり，どのように区間を選んでも，「x の増加量」と「y の増加量」の比は等しい。比の定義から，区間内で x の値が増減した分だけ y の値も同じ分だけ増減するので，比例の関係を満たす点は同一直線上に並ぶ。変化の割合 ＝ （y の増加量）÷ (x の増加量) は，いつでも 1 で一定

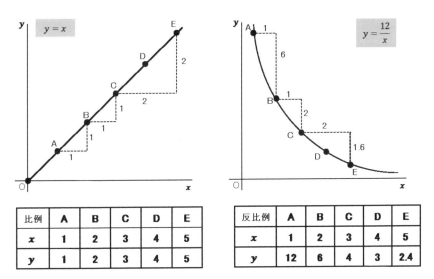

比例	A	B	C	D	E
x	1	2	3	4	5
y	1	2	3	4	5

反比例	A	B	C	D	E
x	1	2	3	4	5
y	12	6	4	3	2.4

図 8.11　比例と反比例のグラフ

であり比例定数と一致する。反比例の場合，2点A, B間は，xの値が $1 \to 2$，y の値が $12 \to 6$ のように変化しており，その増加量を比で表すと $1 : -6$ である。2点C, E間は，xの値が $3 \to 5$，yの値が $4 \to 2.4$ のように変化しており，その増加量を比で表すと $2 : -1.6 = 5 : -4$ となる。つまり，選んだ区間によって，「xの増加量」と「yの増加量」の比は異なる。ゆえに，区間内でxの値が増減した分と同じだけ，yの値が増減しないため，反比例の関係を見たす点は同一直線上に並ばない。変化の割合についても，比例定数と一致しない。

8.3 「測定・変化と関係」領域における実践事例

第3節では，「測定・変化と関係」領域における実践事例として，低学年と高学年から一つずつ紹介する。

8.3.1 低学年の具体的な教育実践例

ここでは，遠山（1960）の量の理論を参考に，第3学年を対象とする「ペットボトルの量の抽出と測定」の教育実践例について取り上げる。

(1) 概要

小学校算数科における量の指導では，測定器具を用いた量の測定や，単位変換を伴う加法・減法の計算の習熟が図られる。加えて，学習した量は現実場面の中にどのように存在しているのか，どのような役割を果たしているのかといった量の有用性を理解させることも大切である。実際，人が身の回りの物の特徴を知るためには，それを様々な量で捉えて数値化することが有効な手段となる。そこで，以下では，第3学年を対象に，身の回りの物の特徴を理解するために，ペットボトルの量の抽出と測定を行う実践例を紹介する。

(2) 目標

実践の目標は，次のとおりである。

1) ペットボトルを観察して，様々な量を抽出すること。

2) ペットボトルから測定器具を用いて量を正確に測定し，特徴を調べること。

(3) 実践例

ペットボトルの水やお茶などは，スーパーマーケット，コンビニ，自動販売機

などのいたるところで販売されており，児童にとっても身近な物の一つである。導入では，「ペットボトルについて調べよう。」と課題提示する。ペットボトルを観察させて，どのような特徴があるかを考えさせる。「透明，水が入る，軽い，持ちやすい，割れにくい，丈夫」などの質的な観点が挙げられる。さらに，これまで学習した量の学習内容に立ち返ることで「高さ，厚み（胴部の長さ），広さ（面積）・かさ（体積），重さ」などの量的な観点にも着目させる。なお，説明の対象を上級生と設定すれば，自分たちの意見や考え方を客観的に述べる必要が出てくる。例えば，ペットボトルが手で持ちやすいとは，手にもつ胴部でいえばどれくらいの長さであるのか，実際にどれだけの水が入り，それにより重さはどうなるのかなど，指導者が問いかけ方を工夫して，数値化された量を使って説明することに意識を向けさせる。

　ペットボトルの量を抽出し測定する。ここでは，ペットボトルの高さと胴部の長さの測定について取り上げる（図8.12）。まず，ペットボトルの高さは，図内の左部のようにものさしを使って測定する。ペットボトルの両端が机から離れた位置にあるため，児童の中にはものさしをペットボトルに直接当てて不安定な状態で測定することが予想される。例えば，両端から糸を机に垂らして印をつけ，その2点間の長さを間接的に測定できることに気付かせる。次に，ペットボトルの胴部の長さは，図内の右図のように各部分で形状が異なり，ものさしで直接測定することが困難である。そこで，糸を使って長さを間接的に写し取り，糸の端

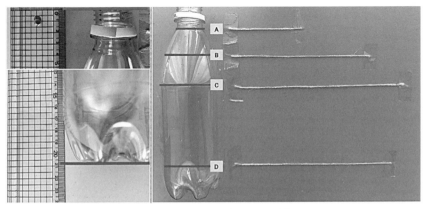

図8.12　ペットボトルの測定

を揃えてものさしで測定させる。実際に測定してみるとC付近の胴部の長さは約22cmであり，ペットボトルの高さと同じくらいであることも分かる。そこから飲み口に向かって形が細くなることも糸を使えば視覚的に判断できる。これらの測定をもとに，ペットボトルの特徴を説明させるようにする。持ちやすさという点でいえば，例えば，ペットボトルの胴部の長さと児童の手の長さを測定した結果を比べて説明することが挙げられる。

　上記では長さについて取り上げたが，重さやかさ（体積）についても取り上げると，ペットボトルの特徴をさらに理解することができ，そのことが量の有用性を実感することにもつながる。

8.3.2　高学年の具体的な教育実践例

　ここでは，横地（1978）の関数指導を参考に，第6学年を対象とする「硬貨が回転した回数と転がった距離の関係」の教育実践例について取り上げる。

(1) 概要

　第6学年で学ぶ比例と反比例は，中学校・高等学校で学ぶ関数概念の基礎を築く上で重要な内容である。関数が現実事象の解明に役立っているということの有用性を理解させるためには，現実場面から数量関係を見い出し，関数の活用と実験検証を行うといった思考方法を繰り返し体験させることが大切である。そこで，以下では，第6学年を対象に，比例を使った実践例を紹介する。

(2) 目標

　実践の目標は，次のとおりである。

1）硬貨を転がすという動的な変化を量的に捉えて，その量を正確に測定すること。

2）表，グラフ，式を使って数学的な結果を見出し，検証の過程を経て答えを決定すること。

(3) 実践例

　硬貨を滑らないように机の上で回転させる場面を取り上げる。硬貨が回転しているときに，どのような数量を見出すことができるか考えてみる。硬貨が回転した回数，転がった時間，転がった距離などが挙げられる。ここでは，硬貨が回転した回数と転がった距離の数量関係を調べることにする。なお回転した回数は，

硬貨を転がして1周したときに，1回だけ回転したとみなす。まずは，硬貨を転がし，硬貨が進んだ距離をものさしで測定させる。測定した結果は表に記録させる。図8.13のように，本や箱などを支えにした状態で硬貨を転がすと滑りにくくなるため正確な数値が得やすい。次に，表の観察を通して，回転した回数と進んだ距離が比例の関係にあることを気付かせる。比例定数は約7.4であることから，$y = 7.4x$と式を求めさせる。計算は扱う数値が複雑になるため一般電卓を利用するとよい。ここで，比例定数は円周と対応していることに気付くことができれば，比例の式に対する理解が深まってよい。実際に硬貨の直径は2.35cmであり，円周率を3.14とすれば，$2.35 \times 3.14 \doteqdot 7.4$と確認できる。

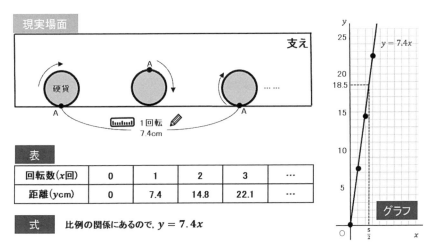

回転数(x回)	0	1	2	3	...
距離(ycm)	0	7.4	14.8	22.1	...

式　比例の関係にあるので，$y = 7.4x$

図8.13　硬貨が回転した回数と転がった距離

　ここで，「硬貨を最初の位置から$\frac{5}{2}$回だけ回転させたときに，転がった距離を求めましょう。」と質問する。この問いに対する答えは，進んだ距離を実測することや，比例の式に$x = \frac{5}{2}$を代入し，$7.4 \times \frac{5}{2} = 18.5$（cm）と求めることが挙げられる。さらに，図内の右部のように，方眼紙上に測定した点をプロットして，比例のグラフを作成するように指示する。ここから，$x = \frac{5}{2}$の直線を定規で引き，グラフとの交点に印をうつ。その交点を通り，x軸に平行な直線を引いたときのy軸との交点を読み取らせることで答えが大まかに把握できることに気付かせる。このように表，式，グラフの利用と実測の活動を組み合わせて，児童自身で

答えが合っているかを確かめる活動を積極的に取り入れる。

　さらなる発展・応用として，「A4用紙の辺上を1周する（合計の長さは101.4cm）には，硬貨は何回転する必要があるだろうか」など，立式した式を日常場面で使えるような課題を設けるとよい。例えば，マス目模造紙に比例のグラフをかき，$y = 101.4$ のところで線を引き，その線とグラフの交点を読み取れば，x の値は13と14の間にあるので，答えの検討がつく。そこで，比例の式を利用すると $101.4 \div 7.4 \fallingdotseq 13.7$ と正確な値が求まる。さらに，実測も行なって求めた数値の妥当性を確かめるようにすると既習内容の定着も図れる。

研究課題

1. 「測定・変化と関係」領域における児童の認識（正答・誤答の傾向）を列挙し，その要因について整理しなさい。
2. 「測定・変化と関係」指導の目標と内容を整理し，学年間の関連付けを行なって記述しなさい。
3. 「測定・変化と関係」領域の中から単元を一つ取り上げ，指導の要点をまとめなさい。

引用・参考文献

深尾武史（2022）「関数」；二澤善紀編著『中等数学科教育の理論と実践』ミネルヴァ書房，京都，pp.71-80

国立教育政策研究所，教育課程研究センター「全国学力・学習状況調査」，ホームページ，2022年10月8日閲覧，

https://www.nier.go.jp/kaihatsu/zenkokugakuryoku.html

黒田恭史（2010）「量と測定」；黒田恭史編著『初等算数科教育法－新しい算数科の授業をつくる－』ミネルヴァ書房，京都，pp.72-91

黒田恭史（2017）『本当は大切だけど，誰も教えてくれない算数授業50のこと』明治図書，東京，pp.98-101，102-105

黒田恭史（2018）「測定」；岡本尚子・二澤善紀・月岡卓也編著『算数科教育』ミネルヴァ書房，京都，pp.90-101

文部科学省（2018）『小学校算数学習指導要領（平成 29 年告示）解説 算数編』日本文
　　教出版，東京

岡部恭幸（2018）「変化と関係」；岡本尚子・二澤善紀・月岡卓也編著『算数科教育』ミ
　　ネルヴァ書房，京都，pp.102-114

遠山啓（1960）『教師のための数学入門 数量編』明治図書，東京，pp.143-167

横地清（1978）『算数・数学科教育』誠文堂新光社，東京，pp.68-77，86-98

第9章
データの活用の教育

本章では，小学校算数科における「データの活用」の教育について述べる。第1節では，「データの活用」領域における児童の認識について言及する。第2節では，「データの活用」領域の算数の内容について解説する。第3節では，「データの活用」領域における具体的な教育実践例について紹介する。

9.1 「データの活用」領域における児童の認識

　第1節では，まず，小学校算数科の「データの活用」領域における指導の要点を整理する。次に，日本国内の代表的な学力調査「全国学力・学習状況調査」の結果から認識調査結果を概観し，「データの活用」領域における児童の認識について言及していく。

9.1.1 「データの活用」領域における指導の要点

　情報機器の急速な発展・普及に伴い，社会一般的にデータを有効に扱う能力がより一層求められるようになってきた。算数・数学科においては，学習指導要領の改訂に伴い，「データの活用」領域が新設された。これまで算数科では「数量関係」領域で資料の整理と読み取りを中心に扱われてきた。また，数学科においては「資料の活用」という名称から変更という形になった。小中学校における内容の系統性を整理することに加え，小学校低学年から段階的に統計的な内容を取り扱うこ

とにより，統計教育のますますの充実が図られている。竹歳（2018）は，「データの活用」領域での児童の理解困難な点をいくつか指摘しており，まとめると以下のように集約される。

① 資料を分類整理し，表やグラフを用いて表すことの意味が理解できない。

② グラフから資料の特徴や傾向を正確に読み取ることができない。

③ 示されている事柄とグラフとを関連付けることができない。

　与えられたデータに対して，適切な読み取りとそこから導かれる妥当な判断を自ら決定することができる能力の育成は，算数・数学教育の枠を超え，情報化社会で生きていく上で必須となる。一方，与えられたデータのみならず，自ら情報・データを収集し，適切な処理・分析を行い，得られた結果を考察することに加え，批判的な視点から捉え直す能力も求められる。とりわけ，教育現場においては，インターネット環境の整備や GIGA スクール構想の先行実施による1人1台タブレット端末の普及など，学習者自身がオープンアクセス可能な情報やデータを集めることや，膨大かつ複雑なデータを処理，（Excel などの表計算ソフトで）することも視野に入れる必要がある。

　上記のように，「データの活用」領域における指導は発展の可能性を壮大に秘める一方，小学校低学年から段階的に情報を正しく整理し読み取る学習を積み重ねる基礎基本の学習も重要である。具体的な統計的手法に触れずとも，もののかずをカウントする，カウントしやすいように並べるといった活動もデータを整理するという要素を持ち合わせている。教科書を用いた学習に留まらず，「クラスの友だちの誕生日の月を調べる」「育てているトマトの成長記録をまとめる」といった自身の身の回りや興味関心からスタートする学びがその後の発展的な学習の支えとなるのである。

9.1.2 「データの活用」領域における調査結果

　小学校算数科における「データの活用」領域の指導は，低学年段階では簡単な表やグラフを読み取り，作成する学習から始まり，学年が上がるごとに折れ線グラフや棒グラフ・帯グラフ・円グラフといったデータの表現方法を学習し，目的や場面に応じて活用する能力の獲得を目指した学習が進められる。しかし，複数

の要素が混在する場面でのデータの読み取りや，それぞれの目的や場面に適した
データの選択などに対して学習者が困難を感じることは少なくない。

　そこで以降では，2007年度から毎年実施されている「全国学力・学習状況調査」
における「数量関係」領域ならびに「データの活用」領域に関する調査結果を概
観し，児童の認識について考察する。とりわけ，データの読み取り・解釈・整理
などに対してどのような認識を持っているか，理解困難な児童の誤答傾向の特徴
を中心に詳説していく。

(1) データの読み取り・解釈

　ここでは，提示されたデータを正しく読み取ることに加え，適切に解釈するこ
とが求められる問題における誤答の傾向について述べる。図9.1は2007年度に
出題された算数Bの 3 の問題で，1983年から2003年までの漁業に携わる人の
数を男女別・年齢ごとに棒グラフで示されている。棒グラフの大小から人数の変
化を読み取り・解釈する内容で，(1)は選択，(2)は記述式の問題となっている。(1)
は，1983年と2003年それぞれの年代で漁業に携わる人数の最も多い性別・年齢
層を選択する内容で，正答は1983年が「2」，2003年が「3」であり，双方を正
しく選択した反応率は91.0%であった。一方，(2)では，1983年から2003年ま

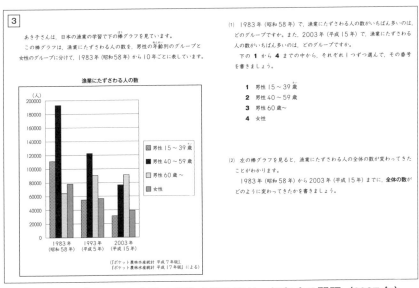

図9.1　棒グラフから人数の変化を読み取り・解釈する問題（2007年）

での漁業に携わる人数の変化について「全体の数」に着目しながら解答する内容である。正答例として，「全体の数は，減ってきた。」「全体の数は，1983年が約44万人（または1993年が約33万人），2003年が約24万人と変わってきた。」のように，全体の数が減少していること・具体的な数値を示していることが正答の条件である。正答率は85.3%であり，選択式の課題と比べ，記述式の課題は正答率が下がる傾向にあるということがわかる。

　図9.2は，先ほど示した算数Bの $\boxed{3}$ の問題から発展し，グラフの形状が変わり，新たな情報を読み取ることが要求されている問題で，帯グラフから人数の変化を読み取り・解釈する。(3)では，帯グラフから1983年から2003年までの変化を読み取る内容で，正答は「2：『男性15〜39歳』の漁業に携わる人の割合が，減っていること」「4：『男性60〜』の漁業に携わる人の割合が，2倍よりも増えていること」の両方を選択しているもので，正答率は54.1%であった。「2」のみを選択しているものは28.1%，「4」のみを選択しているものは8.9%である。先ほどの問題が棒グラフで「人数」，今回の問題は帯グラフで「割合」を示していることから，グラフの特徴の理解に課題が見られることに加え，グラフから読み取ることができる情報を単一的に捉える傾向にあり，複数の情報が得られるという視点の欠如が原因と考えられる。

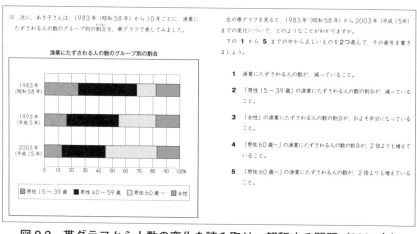

図9.2　帯グラフから人数の変化を読み取り・解釈する問題（2007年）

(2) 目的に応じた資料の整理と表現

　次に，表やグラフの特徴の把握した上で目的に応じて資料を整理したり，表現したりする能力について，その重要性と学習者の理解困難点を整理する。図 9.3 は 2017 年度に出題された算数 B の $\boxed{4}$ の問題で，学校で 4 年生以上の学年についてハンカチとティッシュペーパーを持ってきているかどうかについて調べた結果を表にまとめ，そこからわかる情報を整理し，解答していく問題である。提示された各学年のデータから，5 年生の持ちもの調査のデータを抽出し，「持ってきた」「持ってこなかった」人数を二次元表に整理し，問題の順序に従いながら表の空欄を補充していく段階的な内容となっている。解答のヒントとして，ハンカチとティッシュペーパーを両方持ってきた 5 年生を，「70 － 61 ＝ 9，9 － 1 ＝ 8，62 － 8 ＝ 54」と導いている式が提示されている。この「8」が何を表す人数かを言葉で解答し，二次元表のどの部分にあたるかを表内の空欄ア〜オの中から正しく選択した反応率は 40.2% であった。この「8」が表す人数は「ハンカチを持ってきて，ティッシュペーパーを持ってこなかった人数」であり，二次元表の「イ」に該当する。誤答の例として「8」の表す人数を「ティッシュペーパーを持ってこなかった人数」で二次元表の「エ」を解答した反応率は 9.4% であった。「エ」

$\boxed{4}$

学校で，4 年生以上の学年について，ハンカチとティッシュペーパーを持ってきているかどうかについて調べました。
ゆうじさんは，調べた結果を次のようにまとめました。

ハンカチ・ティッシュペーパーを持ってきた人数 （人）

学年	ハンカチを持ってきた	ティッシュペーパーを持ってきた	両方持ってこなかった	学年の人数
4 年	40	47	2	52
5 年	62	61	1	70
6 年	52	57	1	60

さくら

　ゆうじさんが作った表には，ハンカチとティッシュペーパーを両方持ってきた人数が書いてありません。

さくらさんは，ハンカチとティッシュペーパーを両方持ってきた人数を求めるために，表をまとめ直すことにしました。

下の表は，5 年生の結果をまとめ直したものです。

5 年生のハンカチ・ティッシュペーパー調べの結果 （人）

		ティッシュペーパー		合計
		持ってきた	持ってこなかった	
ハンカチ	持ってきた	ア	イ	62
	持ってこなかった	ウ		エ
	合計	61	オ	70

さくらさんは，表をもとに次の式をつくり，ハンカチとティッシュペーパーを両方持ってきた 5 年生の人数を 54 人と求めました。

【さくらさんの式】

$$70 - 61 = 9$$
$$9 - 1 = \underline{8}$$
$$62 - 8 = 54$$

【さくらさんの式】 の中の，「9」は，ティッシュペーパーを持ってこなかった人数の合計を表しています。この「9」は表の **オ** にあてはまります。

(1) **【さくらさんの式】** の中の，「8」はどのような人数を表していますか。言葉を使って書きましょう。
　また，この「8」は，表のどこにあてはまりますか。**ア** から **エ** までの中から 1 つ選んで，その記号を書きましょう。

図 9.3　二次元表の特徴の理解に関する問題（2017 年度）

は二次元表の合計から「62」「70」とすでに明記されていることから，安易に「8」に該当する部分であると判断した可能性が考えられる。この問題を正答するためには，「かつ」「または」の集合に関する考え方を発揮できるかどうかも重要であるが，すでに二次元表を用意されていることから，式などのヒントから順序良くたどれば正しく情報を読み取ることもできる。二次元表そのものの読み取りに困難がある学習者，あるいは式で表現された数と表で表された数との対応関係の把握に困難がある学習者が一定数以上存在することがわかる。

図9.4 は，図9.3 の問題から引き続く内容で，目的に応じた適切なグラフ・表現方法を選択するものである。「ハンカチとティッシュペーパーを両方持ってきている学年」を判断することができるグラフを作成するという趣旨のもと，「割合」に着目し，4つの選択肢から選ぶというものである。この問題の正答は「3（帯グラフ）」であり反応率は 29.4% であった。誤答の傾向として，「4（円グラフ）」を選択している反応率が 32.3% であった。これらのことから，学習者は「割合」を表すグラフが帯グラフや円グラフであることは理解しているが，条件ごとに用いるグラフを適切に使い分けるという点に関して困難が見られると判断できる。円グラフにおいても，各学年のデータが複数そろえば，比較することで題意に沿うことはできる。しかし，問題に示された円グラフは「4年生から6年生までの人数を合計したもの」であり，各学年の特徴を表すという点に関しては不適切である。グラフの作成・読み取りに指導を留めることなく，必要に応じてグラフの形状を変更したり，別データと比較したりするといった活動をより充実させていく必要があると考えられる。

(3) 2021年度の全国学力調査問題より

第3章で詳説されていたように，2019年度以降，算数科の調査問題はこれまでのA問題とB問題の両方の要素が含まれた1つの調査となっている。本章では，2007年はA問題，2017年はB問題について詳説したため，ここでは，2021年度の全国学力調査問題の「データの活用」領域に該当する箇所を連続して解説する。

図9.5 は 2021年度に出題された算数 3 の問題の導入部分で，1年生から6年生までの図書の貸し出し冊数を示した棒グラフが題材となっている。(1)の問題

(2) それぞれの学年の,「学年の人数」をもとにしたときの「ハンカチと
ティッシュペーパーの両方を持ってきた人数」の割合を表すのに, 最も
適したグラフは, 右の **1** から **4** までの中のどれですか。

　| つ選んで, その番号を書きましょう。

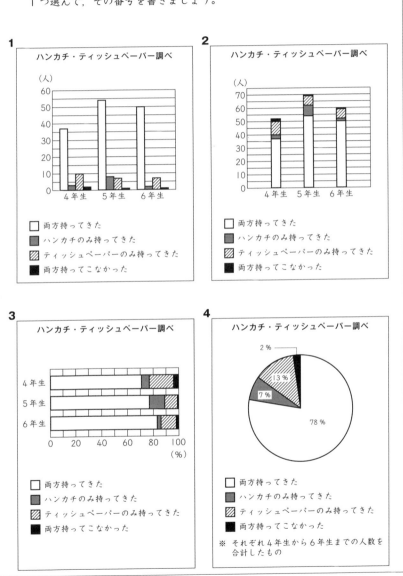

図 9.4　目的に適したグラフを選択する問題（2017 年度）

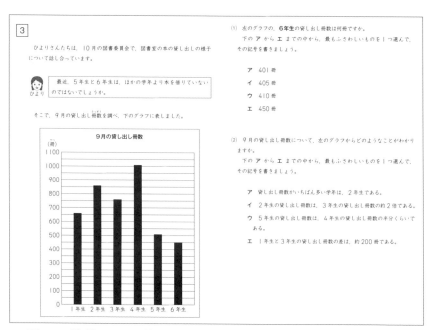

図9.5 棒グラフから数量・項目間の関係を読み取る問題（2021年度）

は，グラフを見て6年生の貸し出し冊数として適した数を選択する問題で「エ：450冊」が正答である。(2)の問題は，グラフからわかることとして適したものを選択する問題で「ウ：5年生の貸し出し冊数は，4年生の貸し出し冊数の半分くらいである。」が正答である。それぞれの正答率は，95.8%，90.8%であり，軸の読み取りや複数項目同士の関係を正確に読み取ることができていると判断できる。なお，こうした基礎的な知識・技能を問う課題は，これまでの学力調査のA問題に該当する。

　次に，基本的なデータの読み取りから目的に応じたデータの整理を促し，新たな情報を読み取ることを意図した課題へと続いていく。図9.6は，先ほどの(1)，(2)で読み解いた貸し出し冊数の棒グラフから，5・6年生の貸し出し冊数の少なさに着目し，詳細な分析を試みる過程の一部分を問う内容となっている。5・6年生を対象に，「質問1：読書は好きですか」「質問2：9月に図書室で5冊以上借りましたか」の質問に対し，「はい・いいえ」で答えた結果を二次元表に整理する。(3)では，「読書は好きですか」に「はい」，「9月に図書室で5冊以上借り

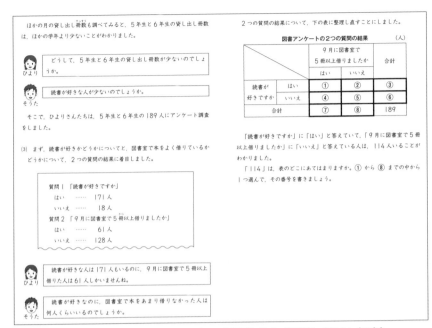

図9.6 データを二次元の表に分類整理する問題（2021年度）

ましたか」に「いいえ」と答えた人が114人いることから，この数が二次元表のどの部分と対応しているかを選択する問題である。正答は「②」で反応率は67.7%であった。ここで注目すべきは，誤答の傾向である。項目ごとに見ると，反応率は「①・③」の合計が9.2%，「④・⑥・⑦」の合計が8.8%，「⑤・⑧」の合計が11.7%と，誤答が分散する傾向にあることがわかる。「①・③」「④・⑥・⑦」「⑤・⑧」のそれぞれに誤答が集中する要因として，二次元表の特徴である「縦の項目」と「横の項目」に対して，双方を合致させて捉えることに困難が生じていると考えられる。例えば，「⑤・⑧」を解答した学習者は「縦の項目」である「9月に図書室で5冊以上借りましたか」に「いいえ」と答えている欄には着目できているが，「横の項目」である「読書が好きですか」の「はい」の欄に含まれることを認識できていないといった具合である。

　二次元表の本来の「良さ」である異なる項目間の関係を考察できるという，データの分類・整理の学習としての有効性が十分である一方，項目が複数混在するという点に関して，そもそもの読み取りが困難であるという点は，本来目指すべき

である，「自ら判断し適切にデータを加工・分析する」という段階に学習者の到達度を引き上げる前段階として，見逃すことができない障害の1つであるということが考えられるのである。

　最後に，割合を示された複数のデータを比較・分析し，さらなる分析に必要となるデータを検討する内容へと進み，一連の問題（過去の学力調査のA・B問題の統合）が完結する。図9.7は，先ほどの(3)で分析した5・6年生の「読書が好き」かつ「図書館で本をあまり借りない」114人に着目し，さらにアンケートの項目ごとの結果を帯グラフで学年別に割合で示したものを分析していく問題である。(4)では，「㋐ 図書室には読みたい本が少ない」「㋑ 図書室に行く時間がない」「㋒ ページ数が多く，読み終わるのに時間がかかる」「㋓ 地域の図書館で本を借りている」の項目に対し，「あてはまる」と回答した5・6年生の学年ごとの差が最も大きいものを選択し，それぞれの割合を言葉と数を用いて書くことを指示する選択・記述式の問題である。正答の条件は「㋑ 図書室に行く時間がない」を選択し，「5年生：15%」「6年生：80%」と割合を表す数を記述している

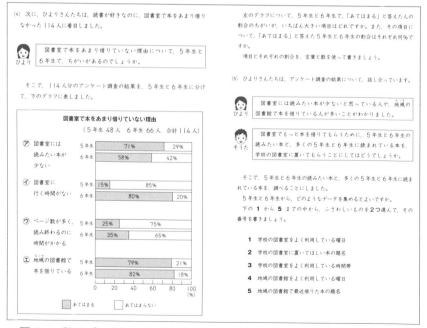

図9.7　数のデータ比較と必要なデータの検討に関する問題（2021年度）

ことを満たすもので，全てを満たしている反応率は52.2%であり，約半数が記述に不備，もしくは検討違いの項目を選択している。誤答の傾向として「□ 地域の図書館で本を借りている」を選択している反応率が最も多く，14.5%であった。その要因として，「5・6年生の学年ごとの差が最も大きいもの」という問いを，「割合が大きいもの」と捉えたため，「5年生：79%」「6年生：82%」と数値の大きさに着目したことが考えられる。

　以上のように，1つの題材，1つのデータから派生していき，対象・目的を変更しながらより詳細に分析していく一連の問題であったが，詳細になればなるほど，複数の要因を同時に考察する必要が出てくるため，困難な学習者が増える傾向にあると考えられる。また，(5)では，こうしたデータの読み取り・分析することに焦点を充ててきたことを受け，さらに知りたい情報を得るために集めるべきデータを問う内容が登場している。これまでのアンケート調査の結果を受け，「読書を促す」という目的に焦点を充て，5・6年生の読みたい本，読まれている本を調べるという結論に至った後，そのために必要なデータを選択する問題となっている。正答は「2：学校の図書室に置いてほしい本の題名」と「5：地域の図書館で最近借りた本の題名」の2つであり，反応率は74.1%であった。この反応率の結果はともかく，「問題の中の問題」を解答していくことのみでは体得することができない，「データの収集」も含めた学習活動を展開していくにあたっては，必要なデータを判断するという能力も求められる。学力調査から学習者の現状の課題や理解困難点を把握することに加え，今後「データの活用」領域の学習において身に付けるべき「知識・技能・思考」を再考していくことが求められるのである。

(4) まとめ

　上述した結果を踏まえ，学習者の理解困難点をまとめると次のとおりである。

1) 二次元表をはじめとする複数の要因やデータの関係を同時に把握することに困難があること。

2) データを読み取り，分析した結果を記述する際，的確に数値を用いて判断の根拠を述べる際に不備が生じやすいこと。

3) 1)〜2)に含め，一連の問題解決の過程において，手順の踏み方や目的に応じ

てデータを再分析する体験が乏しい可能性があること。

1)に関しては，データを多角的に読み取る経験が不足していることが要因として挙げられる。二次元表の扱いそのものを段階的に学習していくことはもちろんであるが，なぜその分析手法を用いているのか，そもそも明らかにしたいことは何かという，到達点を明確にした指導が求められると考えられる。2)に関しては，単に「大きい・小さい」の大小や「増えた・減った」の増減に留まらず，数値に基づく判断や意思決定を習慣づける必要があると考えられる。3)に関しては，単一の課題で終始することなく，1つのデータから派生していく一連の学習活動の経験が望ましい。実際，自らが選択した分析手法で，意図した結果が得られないことはしばしば起こり得る。その際，自分が現在どの段階の手順を踏んでいるか，場合によっては過程を遡り，結果を再考する場面も少なくない。

1)～3)の困難点を打開していくために，「データの活用」領域における基本的な知識・技能の獲得を確実に習得した上で実行した統計的な分析によって得られた数値・結果に基づく判断を行い，その妥当性を検証することも視野に入れた学習活動の展開が求められるのである。

9.2 「データの活用」領域における算数の内容

第2節では，小学校算数科の学習指導要領（2017年度告示）における「データの活用」領域の目標，教育内容について整理し，中学校数学科の指導内容の土台となる数学的内容との関連ついて解説する。

9.2.1 「データの活用」領域の目標

新設された「データの活用」領域の指導においては，算数・数学の通常の問題にありがちな解が1つしか存在しない限定された場面のみの扱いに留まることなく，日常生活や社会一般の問題をはじめとする現実事象を題材とした問題解決学習を体験することにより，統計的な手法の有用性を実感できると考えられる。9.1節で上述した「全国学力・学習状況調査」の結果とその分析，さらには今後情報化社会で求められる能力をも照らし合せると，小学校算数科「データの活用」領域において，児童に身に付けさせたい能力は，次の3点にまとめることができる。

① 各学年で習得する統計的手法の基本的な知識・技能を獲得し，データを分類・整理する過程で適切な処理・分析ができること。

② 統計的手法を用いて導き出した結論について，分析結果を根拠にその妥当性を論じ，考察することができること。

③ 問題の設定やデータの収集も含めた一連の問題解決の手法を，社会一般的な事象や身近な事象に適用し，その有用性を実感できること。

　①〜②に関しては，教科書を中心とした日々の算数科指導において確実に身に付けることを目標としたい。一方で，③に関しては，実データを扱う必要があるため，分析の過程での処理が複雑になる場面が少なくない点に留意する必要がある。

9.2.2 「データの活用」領域の教育内容

　小学校段階における「データの活用」領域では，低学年からの段階的な指導が特徴的である。第1学年では，データの個数に着目し，ものの個数を簡単な絵や図に表したり，読み取ったりする活動を通して，身の回りの事象を捉えることが主な活動である。第2学年では，簡単な表・グラフに表す学習内容が導入され，第3学年では「表」「棒グラフ」と正式にその名前や特徴について扱われる内容構成となっている。動物の数や誕生日調べといった質的データを中心にデータの個数を集計する内容を扱いつつ，それらを表やグラフに表し，量的データを扱う内容も含まれ，データを分類整理する活動が中心となる。

　こうした学習を経て，第4学年では，二次元の表や折れ線グラフの導入とともに，目的に応じてデータを収集・分類整理する必要性を強調した指導が行われる。気温の変化を折れ線グラフで表すなど，時間経過が伴う時系列データも扱うようになり，その変化や傾向を分析することに加え，目的に応じた適切な処理やグラフを選択することができる判断力を育成する。

　第5学年では，割合の学習で百分率(%)を扱った後，円グラフ・帯グラフで数量の関係を表す学習が行われる。ここでも身近な事象について，学習者自身がグラフ等を作成することに加え，グラフから傾向を読み取り，分析した結果を議論する活動も行われる。さらに，測定した結果を平均する学習では，得られた測定

値への着目や，結果の予想・検証といった一連の活動を通して，飛び離れた値や予想外の値があった場合について考察する判断力の育成を目指している。

　第6学年では，これまでに学習してきたデータの収集・分析方法に加え，データ全体を表す指標として平均値・中央値・最頻値などの代表値を用いる。必要に応じて代表値を使い分け，データの傾向を読み取る際にその分布（ちらばり）や特徴を判断することが求められる。さらに，データの散らばりを可視化する手段として，ドットプロットや度数分布表，ヒストグラムが挙げられる。これらの学習は中学校第1学年で詳しく扱われるため，小学校段階においては度数分布表やヒストグラムの作成を通して，中学校数学科への素地を養うものとなっている。

　さらに，中学校段階以降，統計的確率や箱ひげ図など，これまで高等学校段階で扱われてきた内容が移行された形となっている。データの散らばりや分布の傾向を比較する学習の精度が上がるとともに，これまで獲得してきた統計的手法を組み合わせながら考察・判断することが求められる。最終的には，標本調査の方法やその結果の分析について扱うことで，社会一般的に活用されている「統計」そのものに直に触れることができる学習内容となっている。

　このように，小学校低学年から段階的な指導が行われる「データの活用」領域においては，学年が上がるにつれて扱うデータの個数や統計的手法が増えていくため，統計的な問題解決の方法が充実していく。とりわけ，第6学年においては，身の回りの事象の考察に加え，学習者自らが目的に応じて収集したデータや，自身が関わるデータを扱うことが望ましい。データの分析に際しては，必要に応じて機器を適切に導入し，得られたデータに基づく判断をもとに考察する学習が必要であると考えられる。

9.2.3 「データの活用」領域の指導内容

　ここでは，表9.1に示されている「データの活用」領域の指導内容について，特に統計的な学習内容が充実しはじめる第6学年の学習内容を中心に解説する。新しく登場する内容や中学校段階で再度学習する内容を含め，小学校段階の集大成となる構成となっているため，他学年の学習内容に加え，指導者側の深い理解が必要となる。

表 9.1　「データの活用」領域の各学年の主な内容

学年	主な学習内容	指導のポイント
第1学年	絵や図を用いた数量の表現	数量の大小の視覚的な判断
第2学年	簡単な表（一次元表）やグラフ（○を使った簡素な表現）	整理する観点によって分析の違いが出ることへの理解
第3学年	棒グラフ	主張によって適切なグラフの表し方が異なること，様々な読み取り方があることへの理解
第4学年	二次元表・折れ線グラフ（時系列データの登場）	
第5学年	円グラフ・帯グラフ（測定値の平均）	主張をするための適切なグラフ選択と結論への多面的・批判的な考察
第6学年	代表値・ドットプロット，度数分布表・柱状グラフ（起こりうる場合の数）	目的に応じたデータの収集・分類・整理
中1	ヒストグラム，相対度数・累積度数，統計的確率	コンピュータなどを用いたデータの表やグラフへの整理　データの分布の傾向の読み取りと批判的な考察・判断
中2	四分位範囲・箱ひげ図，数学的確率	
中3	標本調査	データの無作為抽出・整理

（出典：柗本（2019）を要約）

(1) 代表値（平均値・中央値・最頻値）

　平均値は第5学年で初めて登場するが，日常では「平均」と称して使われることも多い。個々のデータを合計し，データの個数で割ることで求めることができる。中央値はデータを大きさの順に並べたときに中央に来る値のことを指す。データが奇数個の場合はちょうど真ん中のデータを中央値とし，偶数個の場合は中央にくる2つのデータの平均値を中央値とする。最頻値は，データの個数の中で最も多く現れる値のことである。他にもデータの値で最も大きい値のことを最大値，最も小さい値のことを最小値という（最大値と最小値の差がそのデータの範囲となる）。これらの値の総称として代表値とよばれる。一般的に代表値として最も用いられやすいものが平均値である。しかし，平均値のみでデータの傾向を読み取る場合は，データの範囲や分布に注意する必要がある。

(2) ドットプロット・度数分布表・ヒストグラム

　ドットプロットとは，数直線上に該当するデータを配置し，同じ値のデータが

ある場合はドットを積み上げて表すものである。ドットプロットにより，データの散らばりの様子や傾向が視覚的に判断しやすくなり，最頻値や中央値を見つけやすくなるという利点もある。この散らばりの様子をいくつかの区間（階級）に区切って表にしたものを度数分布表という。各階級に入るデータの個数を度数といい，階級の幅を横軸，度数を縦軸とした柱状のグラフをヒストグラムという。

　上記の学習内容は，第6学年において代表値の扱いとともに，ソフトボール投げの結果を分析する際に用いられる。それぞれを独立して指導するのではなく，統計的手法が増えるごとにそれぞれを組み合わせながら考察していく学習体系が望ましい。図9.8は第6学年を対象にドットプロットによる分析を導入した際のノート記述の一部である（ここでは教科書のデータは用いず，実際に体育の時間で測定した各クラスのソフトボール投げの記録を採用している）。事前に代表値については学習済みで，なおかつそれぞれの値は算出済みである。その際，代表値から各クラスを分析する際に「必ず言えること」を列挙し，特徴の把握を目指している。「平均値からみると〜」「中央値からみると〜」のように，具体的にどの代表値を用いているかを明記することが望ましい。さらに，ドットプロットを作成する際には，記録1つ1つを打点することに留まらず，前時に算出した代表値がドットプロット上のどの部分に位置づくかをマークすることも重要である。数値のみで考察することには限界があり，ドットプロットのようにデータの「ちらばり」を視覚化することが加わることで，各クラスの特徴把握がより容易に，詳細に行うことが可能になることを実感することができるのである。

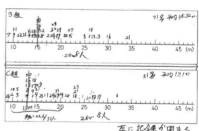

図9.8　代表値とドットプロットを組み合わせた考察

(3) グラフの使い分け

・棒グラフと折れ線グラフ

以降，小学校段階で登場する各種グラフについて，その特徴と使い分けの方針について論じていく。小学校低学年段階では「○」などを積み重ねてデータの個数や量を視覚化すると前述したが，そこから形状を棒にし，縦軸と横軸を加えて表すグラフを棒グラフという。個数をカウントしている段階では，数えられる程度の量である場合でないと適用が難しく，縦軸と横軸を適切に用いることにより，売り上げや人数など，桁数が大きくなる場合でもその大きさを視覚的に表すことが容易になる。つまり，数値が高い項目と低い項目を判別することに対して有効であり，データの大小を比較する場合に適したグラフであることが特徴である。

　一方，第4学年で登場する折れ線グラフは，時系列などの連続的な変化を捉えるときに使用することが多い。例えば，時間・月ごとの気温の変化や，年ごとの人口推移など，縦軸にデータの大きさ，横軸に時間を設定することにより，それぞれの箇所に打点したデータを折れ線で結びつけることで，データの増減を時系列で追いかけることが可能となる。区間ごとの増加や現象，傾き具合から瞬間ごとの変化の大きさも把握することができる。

　使い分けのポイントとして，データが時系列に関わるかどうかが判断の基準となるが，棒グラフでも時系列を示すことは可能である。時系列含め，変化の「つながり」を把握したい場合は折れ線グラフが望ましい。一方，非時系列のデータを折れ線グラフで表すことは不適である。大小の把握なのか，時系列ごとの変化の把握なのか，さらにはその後の変化の予測なのか，目的に応じた使用が必要となるのである。

・円グラフと帯グラフ

　第5学年で割合の学習が始まり，百分率(%)への変換ができるようになれば次の段階として円グラフ・帯グラフを用いたデータの表現方法が扱われる。双方に共通することは，先ほど挙げた棒グラフや折れ線グラフのように，データの量を具体的な数を，両軸を設定して表すことにとらわれず，データの構成比を割合で示すことができる点である。円もしくは長方形の形状を分割して割合を示すことにより，構成比の大小を簡易に把握することができるのである。

　使い分けのポイントとして，比較するデータ数で判断することが望ましい。帯グラフの場合，複数のデータの構成比を比較する場合，構成要素の順序を左から

固定することにより，並べるだけで各項目の変化を捉えやすくなる。一方で，複数の円グラフを同時に比較するとき，視覚的な把握がスムーズにいかない場合もある。1つのデータの構成比を判断する際は円グラフ，複数のデータの構成比を判断する際は帯グラフ，というように使い分けるのがよいだろう。

・ヒストグラムの特徴

　柱状グラフ（ヒストグラム）は，前述したように度数分布表をグラフ化したものであり，階級別の度数，つまりデータの値の範囲において該当する個数を示すものである。形状は棒グラフとよく似た長方形が複数並んでいる状態であるが，大きな違いとしてヒストグラムには階級幅が設定されている点が挙げられる。

　この階級幅を，目的に応じて設定し，形状からそのデータの傾向を把握することができるという点がヒストグラムの特徴である。例えば，テストの点数や身長といったデータの階級を「10」刻みでヒストグラムに表したとする。その場合，「10」の幅に該当する全てのデータが長方形の面積の大きさ（高さ）で示され，その大小をもってデータの散らばりを判断することができる。しかし，データによっては，データの散らばりを判断することが難しい場合がある。そういった際に階級幅を大きくしたり，小さくしたりすることで，ヒストグラムの形状の変化を確かめることにより，データの傾向を判断することができるのである。

　ちなみに，ヒストグラムの階級幅を目的に応じて設定し直す学習は中学校第1学年で扱うため，小学校段階で扱う際は階級幅を常に固定して分析していくことになっている。学習者自らが判断し，目的に応じて階級幅を設定し，ヒストグラムを描画することは難易度が高いとともに手間もかかる。学習者の実態に応じて，Excelなどの表計算ソフトや扱いやすい学習用統計ソフト (simple hist) などを用いることを学習内容に加味することも視野にいれるとよいだろう。

(4) 表計算ソフトの活用

　上記で論じた分析に用いる代表値やグラフは，手計算では困難な場合も少なくないが，表計算ソフトを用いることで瞬時に結果を示すことが可能となる。図9.9は，あらかじめ用意しておいた表計算ソフトの枠組みに，学習者の実データ（クラス別ソフトボール投げの記録）を入力し，代表値・度数分布表・ヒストグラムを示したものである。小学校第6学年の学習では，教科書題材としてソフトボー

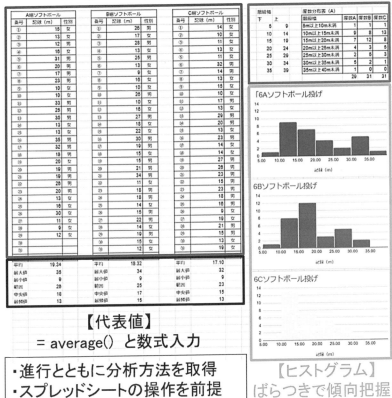

図 9.9　表計算ソフトを用いた実データ分析（ソフトボール投げ）

ル投げを用いることが多いことは前述した。ここでは，体育の授業で計測したデータを Google form（数値入力によってデータ収集が容易）から集計し，実データを分析している。実際，教科書題材では，学習内容を進めていくことを見越して，データの並びや数値の設定が整理されている。もちろん，基本的な学習内容を獲得していく際は，学習者に必要以上の負担をかける必要はないが，実際にデータを分析する際は，結果の予想やデータの複雑さ，目に見えない要因など，複雑に絡み合うことのほうが少なくない。指導者側が提示するために分析することももちろん教材の発展可能性はあるが，今後の統計教育の充実を見越すのであれば，

学習者が，学習者自身に関わるデータを自ら集収し，適切な機器を用いて分析する学習形態も検討していく必要があるだろう。

(5) 統計的探究プロセス（PPDAC サイクル）

　PPDAC サ イ ク ル と は，「Problem（問題）– Plan（計画）– Data（データ）– Analysis（分析）– Conclusion（結論）」の各プロセスを踏み，学習サイクルを回すことで，統計的に問題を解決するための手法の１つである。現行の算数教科書においては，既に整理された条件下のもと，あらかじめ取り組む内容やデータが決まっているため，学習者が問題意識を持つことが難しく，データの収集も行わない。

　一方で，諸外国に目を向けると，「PPDAC サイクル」を前提とした算数・数学教育が実施され，教科書内にも明記されている場合がある。福田（2017）は，先進的な統計教育が行われているニュージーランドと日本の教科書を比較し，それぞれの統計教育の特徴を明らかにしている。用いられている教材は日本と同様に既存のデータを配布する形の授業が多いが，分析活動の際は PPDAC サイクル」のラベルが当てられ，学習者は各プロセスに対応する形でまとめる授業が展開されている（青山 2018）。

　日本の算数教科書においても，このサイクルを意識した学習活動や課題解決を意識した問題が散見される。実際，学習者自身でこのサイクルを回すことも難し

図 9.10　PPDAC サイクルを表す図とその説明（ニュージーランド）

い場合が少なくないが，教材の設定や授業時間数の確保など，学習の自由度が上がれば上がるほど実施の困難性も高まる。学習効果の検討含め，今後の実践事例の積み重ねを必要とする内容の1つであるといえると考える。

9.3 「データの活用」領域における実践事例

第3節では，「データの活用」領域における実践事例として，小学校第6学年を対象とした表計算ソフトを用いたデータ分析と，PPDACサイクルの具体的な教育実践例を1つずつ取り上げる。

9.3.1 表計算ソフトを用いた教育実践例

ここでは，津田・藤本・黒田（2021）を参考に，第6学年を対象とした表計算ソフトを用いたデータ分析に関する教育実践を例として取り上げる。なお，この実践事例の実施時期は，「データの活用」領域の学習が既習済みであり，GIGAスクール構想の先行実施の伴うタブレット端末の配備の時期に合わせたものである。

(1) 概要

GIGAスクール構想の先行実施によって1人1台の端末が配備され，あらゆるデータベースへアクセスすることによる情報収集が可能となった。今後，算数科における「データの活用」領域においては，あらゆるテクノロジーの活用を駆使した実データの処理や分析など，発達段階に応じたデータサイエンス教育が可能である環境が整いつつある。

一方で，高等学校段階以降に着目してみると，公的なオープンデータを用いた統計教材を教育現場に普及する取り組みも見られる。その例として，地域別の統計をまとめたSSDSE（教育用標準データセット）を用いた統計データ分析コンペティションが挙げられる。高校生以上を対象としたこの取り組みは，地域社会に存する実際的問題をデータに基づいて解決する数理的探究活動（データサイエンス）を促進することをねらいとしており，HP上には人口・世帯，自然環境などの多種多様な分析に使用できるデータが公開されている。一部の学習者のみならず，また，統計教育の入り口である小学校高学年段階においても，日々の教育活動の中に先進的な統計教育を入れ込むことにより，多くの学習者が統計的手法

の有用性を実感できると考えられる。

そこで，小学校第6学年を対象に，気象データを用いた現実事象の解明を目指した教育実践を行なった結果を詳説する。実践に際しては，表計算ソフトの基本的な操作能力を獲得した状態で臨むものとし，必要に応じて分析に用いることに成功した。学習者の様相や記述分析を通して教育実践の有効性を検証し，小学校段階における統計教育の在り方についても言及することができると考える。

(2) 目標

実践の目標は，次のとおりである。

1）表計算ソフトの基本的な操作方法を獲得すること。

2）現実事象を題材とした統計的な問題の方法を用いて考察すること。

(3) 実践例

図9.11は，教育実践の構成図である。第1～2時では，表計算ソフトを用いて中央値や最頻値などの代表値や度数分布表・ヒストグラムなどの作成を通して基本的操作を学習する。第3時では，それらの操作方法を用いて演習課題を行い，さらなる定着を目指す。最後に，実際のデータを元に現実場面の課題を設定して問題解決を図る学習を第4～5時で行う。

学習においては常に表計算ソフト（スプレッドシート）を活用することが前提であり，第4時以降はそれらを用いた分析をドキュメントで保存し，グループでの意見共有や教員への課題提出なども行なっている。題材として，第1～3時までに学習した内容や表計算ソフトの活用を通して現実場面を題材とした課題解決を設定している。学習者に東京オリンピックの話題を提示し，8月開催に伴う競技開催場所の調整や対策などのニュースを取り上げ，実施する時期として適切であるかどうかを問う。さらに第5時では，第4時で気温を用いて分析したことを元に，更なる問題解決への接近を目指して他の気象データを扱うことによる総合的な判断を目指した学習を行う。学習者は気象庁のデータベースにアクセスし，第4時の課題に合わせて年ごとの湿度，天気などの実データを収集し，表計算ソフトを用いて分析する。

図9.12は，ヒストグラムの調整を行い，読み取りやすいものを作成している様子である。表計算ソフトのグラフ作成機能を用いる場合，範囲を選択して通常

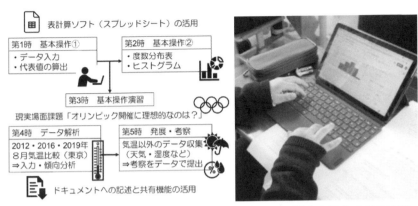

図 9.11　教育実践の構成図　　**図 9.12　端末を操作する学習者**

通りの機能でヒストグラムを作成する際，階級の幅を自動で設定するため，調整する必要がある。学習者に自動作成によりできたヒストグラムに着目させ，「どうすれば資料の傾向を読み取りやすいか」と問いかけ，階級の幅や範囲の設定が必要であることに気づくようする。このように，データ分析においては，必要に応じてデータを加工することが有効であることを強調し，適切な操作方法を獲得できるように指導することが重要である。

　教育実践の成果として，表計算ソフトをはじめとする適切な機器利用が現行の指導内容を踏まえた上で実施することが可能であることが示された。加えて，データの分析により得られた結果を根拠に説明する活動を通して，データに基づく判断力の向上が見られたことが挙げられる。今回の教材では，気温や湿度，天気など，複数のデータを加味した上で分析の方法を選択する必要が出てくる。こうした必然性が学習者の分析・判断力の向上につながった一方，その記述は学習者によって精度に差が見られた面もある。今後は，小学校段階における現実事象を題材とした実践の累積やオープンアクセスの情報収集を前提とした問題解決が重要となり，着目を浴びると考える。

9.3.2　成果物の作成を伴う教育実践例

　ここでは，津田・黒田（2022）を参考に，第6学年を対象としたPPDACサイクルを分割して実施した成果物作成までの一連の教育実践を例として取り上げる。

(1) 概要

　統計教育における問題解決に際しては，統計的探究プロセス（PPDAC サイクル）の実施が望ましいとされる。しかし，実データの収集や分析結果のグラフ化などが必然的に要求されるため，発展的な学習内容が組み込みやすい一方，学習者・指導者の負担は少なくない。青山（2017）は，起点とするプロセスを前にするほど，問題解決活動の自由度や幅は広がるが，それに応じて授業時間数や学習者・指導者の負担が増すことになると指摘している。特に，「Problem：問題」「Plan：計画」から厳密に設定して授業を展開するとなると，それに伴い「Date：データ」の過程での収集や処理・整理が求められる。学習者の発達段階や扱うことができる統計的手法が限られている場合，サイクルを回すことそのものが困難なため，小学校段階においては教科書題材をはじめとするあらかじめ加工されたデータの使用を前提とする場合が多い。しかし，この場合は，「Analysis：分析」「Conclusion：結論」へ偏る傾向にあるため，PPDAC サイクルは理想の学習形態の 1 つではあるが，その基盤となる小学校段階においての実施については議論の余地があると考える。

　そこで，一度の教育実践で全てのプロセスを満遍なく扱った学習は困難ではあるが，題材や到達目標を変え，年間を通じて各プロセスに焦点を当てた学習を経験することで，PPDAC サイクルを実施する上で困難とされている学習者・指導者の負担の軽減につながると考えた。実践に際しては，「資料の調べ方」の単元学習における実データの扱いやコンクール出展などの成果物作成・発信といった一連の学習活動を，PPDAC サイクルを段階ごとに分割して実施することを念頭に置いている。効果を検証することで，実施時間や題材の難易度など，教材の開発ならびに教育実践に関わる学習者・指導者側双方にとっての適切な尺度を検討することにより，教育現場での実施可能性についても言及することができると考える。

(2) 目標

　実践の目標は，次のとおりである。

1) 実データを用いた統計教材の活用から成果物を作成・発信するという一連の
　　学習活動を実施・体験すること。

2) 成果物作成前の事前指導により，学習者の自力での課題設定や制作の支援をすること。

(3) 実践例

指導の流れは以下の通りである（図9.13）。

❶ 6月：算数科「資料の調べ方」の学習

❷ 7月：課題準備期間・研究計画策定

❸ 8月：課題制作期間／9月：最終調整

❶の算数科授業においては，その後の課題作成を踏まえ，教科書題材の内容は踏襲しつつも実データの扱いも含めた学習活動を展開する。❷は夏休みに入るまでの期間を課題準備期間とし，コンクールに出展する内容の設定や草案の作成など，指導者が添削しつつ進めていく。これにより，❸の夏休み期間，学習者が自宅で活動する際に方針や手立てが手元に残り，自力作成の補助となる。夏休み明けには最終調整・加筆などを済ませ，投稿するという流れとなっている。

単元学習を一通り終えた後，教科書の巻末課題や統計グラフコンクールの紹介などを事前に周知する時間を確保する。その後，夏休みの課題としてコンクール

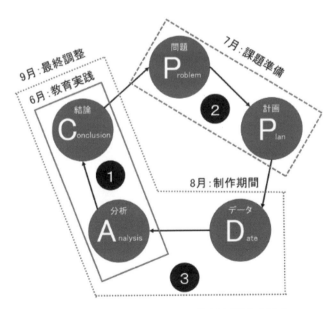

図9.13　PPDAC サイクルの分割と活動の流れ

への出展の準備が必要であることを伝え，準備に取り掛かる。ここで，7月から夏休み前までの期間で，自力での課題作成に対して学習者自身が見通しを持てるよう，指導者側が個別・全体で準備をサポートする時間を設けた。テーマ決定の際は，統計グラフコンクールの要項や過去の入賞作品などを参考にするよう伝え，なるべく自身の疑問や身近な生活と接点を持つような題材が好ましいことを共有している。

　夏休み明けは，課題を提出し，必要があれば最終調整を行なった。図9.14は，夏休み前に事前に作成した素案と夏休み後に提出した成果物である。多少内容の変更は可能であることを伝えているが，大きくテーマを変更している学習者は多くは見られなかったため，この段階での検討が不要となる。一方，データの再検討や分析に時間をかけることができるため，考察記述の部分がより詳細になっている作品が多く見られ，分割実施の効果を反映する形となった。

　6月の単元学習では，指導者側が収集・加工したデータを教材として用いたが，成果物作成に際しては，その部分も学習者に委ねることになる。研究の進め方やスケジュール，調査方法などを事前に決定しておくことで，自由度の高い課題に対しても着手しやすくなると考え，自力での活動の支援となるよう心掛けた。6

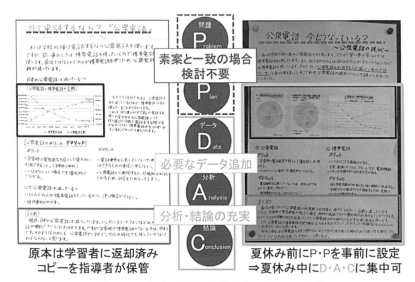

図9.14　素案（左）と成果物（右）の比較

月〜9月までの一連の活動における PPDAC サイクルのプロセスごとの学習者・指導者側が事前準備や取り組みに要する負担については，6・7月段階は教育実践において実データを用いるため，教員側にデータの収集・分析段階で負担が多くかかる。一方で8・9月段階は事前に取り組み内容や計画が決定しているため，進行がスムーズであると考える。

研究課題

1. 「データの活用」領域における児童の認識（正答・誤答の傾向）を列挙し，その要因について整理しなさい。
2. 「データの活用」領域の指導の目標と内容を整理し，学年間の関連付けを行なって記述しなさい。
3. 「データの活用」領域の中から単元を一つ取り上げ，指導の要点を踏まえた学習指導案を作成しなさい。

引用・参考文献

岡本尚子編著，竹歳賢一分担執筆（2018），『算数科教育』（第9章「データの活用」），ミネルヴァ書房，京都，pp.115-127

国立教育政策研究所，教育課程研究センター「全国学力・学習状況調査」，ホームページ，2022年10月31日閲覧

文部科学省（2017）『小学校算数学習指導要領（平成29年告示）解説 算数編』日本文教出版，東京　https://www.nier.go.jp/kaihatsu/zenkokugakuryoku.html

松本新一郎（2019），『小学校算数・中学校数学「データの活用」の授業づくり』，明治図書，東京，pp.29-33

福田博人（2017），ニュージーランドとの比較による日本の統計教育の性格，全国数学教育学会誌数学教育学研究，Vol.23，No.2，pp.151-158

青山和裕（2018），統計的問題解決を取り入れた授業実践の在り方に関する一考察 —既存のデータを活用した問題解決活動におけるプロセスの相違に着目して—，統計数理，Vol.66，No.1，pp.97-105

津田真秀・藤本卓也・黒田恭史（2022），表計算ソフトによる気象データ分析を通した

課題解決 ─小学校第 6 学年を対象とした教育実践─，京都教育大学教職キャリア

高度化センター教育実践紀要第 4 号，pp.169-177

津田真秀・黒田恭史（2022），小学校第 6 学年における統計教育の充実を目指した取り

組みの報告 ─教育実践から成果物作成・発信までの活動を通して─，数学教育学

会夏季研究会（関西エリア）発表予稿集，pp.5-8

青山和裕（2017），統計的探究プロセスの授業化に向けた一考察 ─既存のデータを

活用した問題解決活動に対する捉え方─，日本科学教育学会年会論文集 Vol.41，

pp.157-160

【付記】

総務省統計局，「なるほど統計学園」，https://www.stat.go.jp/naruhodo/，2022 年 10

月 31 日閲覧

⇒統計についての基本的な内容や，実データ収集に適したオープンアクセス可能な

サイトを複数紹介している。

独立行政法人統計センター統計技術・提供部技術研究開発課，

『統計データ分析コンペティション』，

https://www.nstac.go.jp/statcompe/index.html，（最終検索日：2022 年 10 月 31

日現在）

⇒高校生・大学生等を対象に，地域別の統計をまとめた SSDSE（教育用標準デー

タセット）を用いた統計データ分析の論文を募集し，そのアイデアと解析力を競う

コンペティションである。

京都府政策企画部企画統計課情報分析係，「京都府統計グラフコンクール」，https://

www.pref.kyoto.jp/tokei/news/gracon/gracontop.html（最終検索日：2022 年

10 月 31 日現在）

⇒京都府内の学校に在学する小学生以上を対象としたコンクールで，身近な事象に

着目して作成したポスター作品を応募する。上位入賞作品は，統計グラフ全国コン

クール」（公益財団法人統計情報研究開発センター主催）へ出品される。

＊各自治体によって応募形式は異なるが開催されている場合が多い。

第10章
授業設計と学習指導案

本章では，算数科に関わる「授業設計」と「学習指導案」について述べる。第1節では，授業の進め方のスタイル，児童の主体的な授業参加と自律的な学びを促す工夫を紹介する。第2節では，学習指導案の書き方に言及する。

10.1 授業の進め方

第1節では，算数科で用いられうる授業の進め方のスタイルとして「問題解決型」と「『教えて考えさせる授業』型」について述べていく。

10.1.1 授業の進め方

授業は，「導入」，「展開」，「まとめ」の順に進めていくことが一般的であるが，具体的な進め方（授業の型）に絶対的な方法はない。授業内容やクラスの実態に応じて，各教師が，授業の目標に照らし合わせながら工夫をこらして授業を進めている。ただし，算数科でよく用いられるスタイルはいくつかあるため，ここでは2つを紹介する。

(1) 問題解決型

算数科ではよく知られており，用いられることも多い型である。算数科の各学年の教科書のはじめの部分に「学習の進め方」などとして掲載されていることもあり，算数科を代表する型といってもよい（清水他 2019）。問題解決型授業とは，

概ね次の手順で進めていく授業を指す。

---

① 問題提示：教師が，児童に今から取り組む問題（一般的には1問）を提示する。

② 自力解決：①で提示された問題を児童が各自で取り組む。

③ 練り合い：②での取り組みをもとに，児童が解決方法を発表し合い，話し合う。

④ 練習問題：③で話し合った内容を踏まえて，練習問題に取り組む。

⑤ まとめ　：授業のポイントのまとめや振り返りを行う。

この型の良い点は，教師がサポートしながらも，児童が中心となって，授業が進んでいく点である。教師が解き方を教えるのではなく，児童自身が考え，児童同士の話し合いで，よりよい，正しい解決方法を紡ぎあげていく。様々な意見を出し合い，解決方法を多方面から考えて，深めていくことにより，クラス全体で解決に至るという点に特長がある。

他方で，留意しなければいけない点があり，このことを考慮しておくことは効果的な授業を設計する上で重要である。問題解決型授業の留意すべき点として，ここでは，3点に触れておきたい。まず，1点目は，「② 自力解決」についてである。この部分では，まず児童が個別で解決に臨むことが多いため，個人差が生じやすい。考え方の拠り所がないために，いきなりに考えられず，手がつけられない状態のままで時間を過ごす児童も存在する（黒田 2017）。また，分からないものの，何かをしなければいけないと焦燥感を感じ，単に数字を書いてみたり，図形に線を書き入れてみたりする児童もいる。一方で，予習済みの児童は，すぐに解決でき，時間をもて余してしまうこともある。初めて出会う問題に，試行錯誤をしながら，自分なりの答えを出すことを教師が期待をしていても，予習した児童はすぐに解決してしまい，そうでない児童は正誤にかかわらず，自分なりの答えを出すことも困難になるという状況が生まれかねない。

2点目に留意すべき点は，「③ 練り合い」についてである。この部分では，「② 自力解決」ができなかった児童の参加と理解が，十分に行われない可能性がある。「② 自力解決」ができなかった児童は，まず自身の解決方法についての発表をす

るという点での参加が難しくなる。分からない点を説明することによる参加も考えられるが，その説明が難しいために自力解決に至っていないことも少なくない。そうなると，自分なりの解決に至った児童の説明を聞くことからスタートする場合が多いと考えられるが，その説明を聞いて，理解ができるとは限らない。児童同士の教え合いには多くの利点があるものの，ここでの発表という形式の説明で理解に至るには，困難性を伴う可能性がある。また，話し合いの中で，教師が意図的に「よい誤答」を紹介した場合，それを誤答と理解できずに児童が受け取ってしまったり，複数の解決方法が出てきた場合には，どれが正しいのかが分からず混乱してしまったりする可能性もある。「② 自力解決」ができなかった児童は，「③ 練り合い」に積極的な参加ができないまま，正しい解き方の理解ができずに時間を終えてしまう懸念がある。

　3点目に留意すべき点は，「④ 練習問題」についてである。この部分では，時間の確保の難しさがある。問題解決型の授業では，「④ 練習問題」に至るまで（特に「③ 練り合い」）に時間を要し，「④ 練習問題」が割愛されたり，時間が短縮されたりすることが少なくない。もし，この時間が割愛されてしまった場合，児童は1つの授業で問題1問のみにしか取り組んでいないことになる。算数科では，問題を自身で解くことで，理解が不十分である箇所に気付けたり，理解の定着が図られたりする。そのため，特に「② 自力解決」で解決できなかった児童にとって，この時間がなければ，自身の理解の状況が分からないままになったり，理解が定着しないまま授業を終え，次の学習に入ってしまったりする恐れがある。また，自身で問題を解けることが，次の学びへの意欲につながることもある点において，「④ 練習問題」は重要な時間である。

　問題解決型授業は，算数科でよく用いられる方法であるが，そのよさと留意点を踏まえつつ，扱う内容に応じて，適切に用いることが必要である。

(2)「教えて考えさせる授業」型

　市川によって提案された授業の進め方で，下記の4段階が考慮されている（市川 2013）。教えてから考えさせれば「教えて考えさせる授業」になるわけではなく，こうした段階が考えられた一種の固有名詞として使われるため，カギカッコつきで使われている。

❶教師からの説明：工夫した分かりやすい教え方を心がける。教師主導で
　　　　　あっても，子どもたちの対話や理解状況のモニターを行う。
❷理解確認：「考えさせる」第1ステップ。理解を確認するため，子ども同
　　　　　士の説明活動や教え合い活動を入れる。
❸理解深化：「考えさせる」第2ステップ。誤答が多そうな問題や発展的な
　　　　　課題を用意する。協同的問題解決で参加意識を高め，コミュ
　　　　　ニケーションを促す。
❹自己評価：「考えさせる」第3ステップ。分かったことや，よく分からな
　　　　　いことや疑問を記述させる。子どものメタ認知を促すととも
　　　　　に，教師が今後の展開を考えるために活用する。

　「教えて考えさせる授業」は，「教えずに考えさせる授業」や「教えないで，気
づかせる」という暗示的な指導法によって，授業が分からないという児童・生徒
が多く生まれている状況などが背景になって提案された（市川 2013）。学力差が
ある中で，すでに分かっている児童もいるような教科書に書かれている内容（た
とえば，公式とその導き方）を，発見的に気付かせようとするのではなく，そう
した基本的な内容は共通に分かりやすく教え，その先の深い理解に向けた問題解
決に全員で取り組むのがよいというのが趣旨である。

　「教えて考えさせる授業」には，当然の進め方だという意見がある一方で，「未
習事項を先に教えてしまったら，子どもに考える力がつかないのでは」という反
論がある。この反論に対して市川（2013）は，「教えて考えさせる授業」が，「結
論を教えて反復練習をさせるだけの授業」だという誤解があることや，ヒトは知
識があってこそ考えられることを指摘している。また，基本的原理こそ自力発見
させるべきだという考えに対しても，実際の教室の学力（知識）差の大きさと，
原理を教わってそれを深め広げる学習の重要性が踏まえられていないと指摘を行
なっている。

　「教えて考えさせる授業」は，はじめからクラスで討議をする際や，授業全体
をとおして発展的な内容について考えたり議論をしたりする際には不向きであ
る。問題を解決する際の素地となるような基本的な内容をまず扱うときに，有用

な方法であるといえよう。この方法では，クラス全員が基本的な知識や技能を整えた上で，これを足掛かりに，全員で深い理解に向けた取り組みを行うことが重要である。深い理解に向けた取り組みには，教科書の内容にとどまらない，本質に迫る課題設定が必要であり，ここでは，特に教師の独自性と教科内容の専門性が求められる。教師は，普段からの専門性を高める努力が不可欠である。

10.1.2　児童の主体的な授業参加と自律的な学びを促す工夫

授業における学びの主体は児童である。したがって，児童が能動的に授業に参加し，自律して学びを進めていけるようにすることが重要である。以下では，そのための工夫を2つ紹介する。

(1) 授業の進行概要の共有

通常，教師が計画した授業の内容は，児童に事前に知らされることはない。授業のめあてが児童に提示されても，どのように授業が進んでいくかは児童と共有されないことが一般的である。そのため，児童は，次に何をするのかの見通しを持てず，その場その場で指示されたことに取り組む受け身な姿勢で授業を受けざるを得ない場合も少なくない。この点を改善する工夫が，授業をどのように進行するのかの簡単な概要を児童にあらかじめ提示し，共有することである。黒田(2017)は，児童向けに提示する授業の概要を「学習案」と呼び，「学習指導案の要点だけを，子どもにわかる言葉でかいたもの」と説明している。具体的な内容は，授業者が扱いやすいものを設定すればよいが，たとえば，図10.1のようなものを黒板の端などに提示し，今取り組んでいるところが分かるように印で示しながら授業を進めていくとよい。

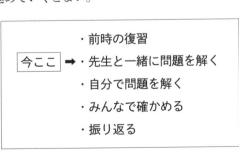

図 10.1　児童に提示する進行概要の例

こうしたものが提示されていれば，児童が授業のはじめに見通しを持つことができ，授業中，今どの段階にいて，次に何をするのか，残りの学習内容がどれぐらいであるのかが分かる。教師の説明を待たなければ次に何が起こるのか全く分からないという状況がなくなることで，自ら授業に参加している意識が芽生え，主体的な授業参加につながる。また，次の活動が示されていることで，今の内容が次のどのような活動に結び付くのかを想定でき，次の活動向けた心構えを持つ自律した学習につながることも期待できる。

(2) 明確なステップの設定と提示

筆算をする，ものさしで長さをはかる，時計をよむなどの主に「技能を習得することを目指す授業」や，身の回りの色々なものの重さをはかる，面積を求めるなどの「実践的な活動を行う授業」において，教師がその方法の説明を行った後，児童各自の取り組みに移ると，その途端に児童から質問が出たり，分からず手が止まってしまう児童が出てきたりすることがある。これでは，児童が自身で進めていこうとする主体的な参加意欲をそいでしまうことにもなりかねない。この点を改善する工夫が，具体的で明確なステップ（段階）を設定して児童に示し，それをもとに，教師が順序立てて説明をすることである。ステップは，児童が分かりやすい長さや分量を適切に設定することが重要である。内容や項目が長すぎたり多すぎたり，あるいは，短すぎたり少なすぎたりしないように留意する。また，内容は，簡潔に，端的なものにしながらも，教師の説明後に，児童が各自で見返しながら，それに沿えば取り組みができるような内容にしておくとよい。わり算の筆算（立てる→かける→ひく→おろす）など，内容によっては，教科書にステップが手順として示されていることもあるが，教師が吟味をせずにそのまま用いるのは望ましくない。それで十分であるかを教師自身が検討し，児童にとって，より分かりやすくなるような明確なステップを考え，具体的な内容を設定することが肝要である。なお，基本的には，教師がまずステップに沿って説明をすることを想定しているため，自学自習用のような詳細な内容でなくてよい。

図10.2は，「時計をよむ」ためのステップを示した例である。段階が多くなりすぎないように，1つの段階の説明が長くなりすぎないように配慮しながら，児童が後でこれを見返せば，何とか取り組めるように内容を具体的に述べている。

①みじかいはり「○じ」を見る。

さしているすうじか，
はさまれた すうじの 小さいほうの すうじをかく→「○じ」
（12 と 1 の あいだは 12）

②ながいはり「○ふん」を見る。

12 が「0 ふん」
そこから 1 めもり 1 ふんで かぞえる→「○ふん」

③ながいはり「○ふん」は 60 より 小さいかな。

図 10.2 「時計をよむ」ためのステップ

また，③には確認の注意点を入れている。たとえば，このステップが①，②の太字部分のみ（①みじかいはり「○じ」を見る。→②ながいはり「○ふん」を見る。）であると，初めて学習する児童にとっては，具体的にどうすればよいのかが分からない。その学習を行う児童の状況を考え，具体的な内容を設定する必要がある。

明確なステップの提示は，教師の順序立てた分かりやすい説明を可能にし，児童の理解につながりやすい点において，児童が主体的に取り組める可能性を高める。また，教師の説明を聞いた後，自信がない児童でも，これを見て自力で取り組めることができれば，「もう一度先生に聞かなければ分からない」という理由で手を止めたり，諦めたりすることもなくなる。自分でやってみようという意欲，実際に「できる」実感や達成感につながり，自律した学習姿勢が生まれることも期待できる。

効果的なステップを考えるには，学習内容を深く理解すること，児童のつまずきを予測すること，適切な数や内容に分けて手順を構成すること，児童が行う活動（行動）を具体化して表現することなどが必要になる。この点において，ステップを考えることは，より良い授業を考えることであり，授業力の研鑽にもつながるものである。

10.2 学習指導案

第 2 節では，算数科の学習指導案について，具体的な例を挙げながら，どのような内容を書くべきか，注意点はどのようなことがあるかについて触れていく。

10.2.1 学習指導案とは

学習指導案は，授業の計画を示したものである。単元ごと，授業ごとなどの単位で作成することが多い。学習指導案では，この単元で児童に達成してほしいことは何か，単元全体で何時間（コマ）を使うのか，それぞれの授業で扱う内容は何か，どのような児童の実態があり，どのような点に留意しながら指導していくのかなどを記載する。1つの授業についての具体的な進め方や板書の計画なども記述する。

学習指導案に，全国的に統一された形式はなく，内容，量などについての絶対的なルールはない。学校ごとや教育委員会ごとに，教育方針や教育理念をもとにした独自のものを定めている場合もあり，それらを見ても，書き方や考え方が様々であることが分かる（久留米市教育センター 2019，京都府総合教育センター 2021）。ただし，学習指導案に記載する内容には，その名称が多少異なっていても，単元目標，教材観，児童観，指導観，本時の目標，本時の展開など，概ね共通した項目があり，基本的な構造が大きく違うことはほとんどない。

学習指導案を作成するためには，当該の単元や授業に入るまでに，これまでの関連する学習内容を調べたり，児童の実態を把握したり，授業の目的や内容を明確化したりする活動が欠かせない。時間を要する活動であるが，漫然と教科書を進めるだけでは見えてこない，その単元の位置づけや意義，授業で目指すべき方向性，今の児童に適切なアプローチなどを明確化する活動でもある。学習指導案を作成することは，単なる計画策定ではなく，これから行う授業に向き合うことといえよう。

10.2.2 学習指導案の書き方

学習指導案は，先述のとおり，形式，書き方についての絶対的なルールはないものの，よりよい授業のために充実した内容が求められる。そのため，記載する項目は決定していても，どのように内容を書けばよいのかについては，悩ましく感じる場合もあると思われる。そこで，ここでは，まず，学習指導案の例を示した上で，それをもとに，主要な内容についての書き方のポイントをより具体的に

説明していくこととする。書き方の1つの方針として捉えてもらうとよい。なお，下記に示す学習指導案例のように，単元全体についての内容や児童の様子などに触れたものは「細案（さいあん）」，「本時の目標」以降の1つの授業だけについての内容が書かれたものは「略案（りゃくあん）」と呼ばれることがある。

算数科学習指導案

指導者：○○○○

1. 日　　　時　　○○年○月○日○曜日　第○校時
2. 学年・組　　第5学年1組　30名
3. 場　　　所　　第5学年1組教室
4. 単　　　元　　小数のわり算
5. 単元目標
　【知識・技能】
　　除数が小数の場合の除法の計算，筆算ができる。
　　小数の除法において，商を四捨五入して概数で求めることができる。
　【思考・判断・表現】
　　除数が小数の場合の計算方法を，除法や小数の仕組みを踏まえて説明できる。
　　除数の大きさから，被除数と商の大小関係を判断できる。
　【主体的に学習に取り組む態度】
　　日常生活から，小数の除法が使われている場面，小数の除法を使える場面を見つけ，自身でその計算を行うことができる。また，見つけた場面に関して，テーマを設定し，小数の除法を使った分析ができる。
6. 指導計画（全9時間）
　第1次　整数÷小数
　　第1時　（整数）÷(帯小数)の立式
　　第2時　（整数）÷(帯小数)の計算
　　第3時　（整数）÷(純小数)の計算
　第2次　小数÷小数
　　第4時　（小数）÷(小数)の計算
　　第5時　（小数）÷(小数)の筆算　【本時】
　　第6時　（小数）÷(小数)の0を含む筆算
　　第7時　商を概数で処理する場合の筆算
　　第8時　被除数，除数，商，余りの関係
　第3次　まとめ
　　第9時　たしかめと振り返り

7. 教材観

　小数の計算については，第3学年で$\frac{1}{10}$の位の小数の加法と減法，第4学年では$\frac{1}{100}$の位の小数の加法と減法，（小数）×（整数），（小数）÷（整数）の乗法と除法を学んでいる。第5学年に入ってからは，（整数）×（小数），（小数）×（小数）についても学習を行っている。また，小数の意味や表し方について，小数も整数と同じように十進位取り記数法になっていることや，「9.368は，0.001を9368個集めた数である」といった小数の相対的な大きさについて，第4学年，第5学年で学んできている。除法については，「わられる数とわる数に同じ数をかけても，同じ数でわっても商は同じになる」という除法の性質を，第4学年で学習した。

　本単元では，こうした学習をもとに，まずは，（整数）÷（帯小数），（整数）÷（純小数），（小数）÷（小数）など，除数が小数の場合の計算・筆算ができることをねらいとしている。筆算の必要ない計算からスタートし，「除数を整数にすれば計算がしやすいこと」「除法には，被除数と除数に同じ数をかけても商は変わらない性質があること（これによって，小数を整数にして計算できること）」を理解させた上で，筆算でも同じ考え方を用いて学習を進める。筆算の学習では，特に，正しく確実に解けることと同時に，除法や小数の仕組みを踏まえて，計算方法を説明できるようになることも目指す。また，筆算の有無にかかわらず，被除数，除数，商の関係性をもとに，除数の大きさ（1より大きい，1，1より小さい）から，被除数と商の大小関係を判断できるようになることも目標とする。

　筆算が定着した後は，商を四捨五入して概数で表せるようになることもねらいとしている。割り切れない除法において，定められた位までの概数にするには何の位まで計算すべきかを考えた筆算が必要となる。

　割り切れない除法の概数を学んだ後には，余りのある除法の筆算ができるようになることも目標とする。とりわけ，除数を整数にするために被除数の小数点を移動させても，余りの小数点はもとの被除数の小数点の位置になることについては，仕組みを踏まえて，説明できるようになることも目指したい。

　最終的には，小数の除法が使われている場面などを自身で見つけ，テーマを設定した上で，小数の除法を使った分析ができるよう，それぞれの授業を積み重ねていきたい。

　小数の除法は，この後の「単位量当たりの大きさ」や「割合」の単元

につながる内容である。これらの単元における小数を含む除法の立式や，小数倍，とりわけ，1未満の小数倍の考え方は，つまずきやすい学習内容である。本単元では，計算の定着を図るとともに，十分に被除数，除数，商の関係性を理解させ，除法の意味にもしっかりと触れておきたい。

8. 児童観

　本学級は，算数科の授業において，挙手や発表には積極的な児童が多い。分からない児童は，「分からない」と言える雰囲気がある。クラスとしても，「分からない」という発言を受け入れ，教え合ってみんなで授業を進めていこうとする姿勢を自然と身に付けられている。ただし，自分の考えに自身が持てず，手を挙げられなかったり，発表に消極的になったりする児童もいる。また，クラス全体の前で話すことに対して苦手意識を持ち，積極的な発表につながらない児童も見受けられる。

　本単元「小数のわり算」に先立って，事前テストを行ったところ，「56.72を10倍すると小数点はどの位置になるか」「$\frac{1}{10}$にすると小数点はどの位置になるか」について，いずれも約1割程度の児童が誤答しており，十進位取り記数法の仕組みの理解が不十分な解答が見られた。$\frac{1}{100}$の位までの小数の加法と減法については，ほとんどの児童が正解できていた。誤答であった児童も，計算ミスであり，計算方法については理解がなされていた。また，小数を含む乗法として(小数)×(整数)，(整数)×(小数)，(小数)×(小数)を調査したところ，誤答としては小数点の位置を間違ったものが多く見られた。中でも(小数)×(小数)の正答率が7割程度と最も低く，間違った約3割の児童のほとんどが小数点の位置を誤っていた。小数を含む除法である(小数)÷(整数)についても正答率が7割程度であり，約2割の児童は小数点の位置を誤答し，約1割の児童は除法筆算に課題があった。乗法・除法ともに，小数点のつけ方については，理解と定着がなされていない部分があるといえる。除法の性質に関しては，「わり算のわられる数とわる数に同じ数をかけた場合，商はもとのわり算の商と比べてどうなりますか。」という質問に「大きくなる，小さくなる，同じ」から選択する問題で，約2割の児童は誤答し，「大きくなる」を選択した。除法の性質について，理解が不十分と思われる児童が見受けられた。

9. 指導観

　除数が小数となる除法は，本単元で新しく学習するが，これまでの小数の乗法，除法での学習を足掛かりとして進めていく。具体的には，「整数にすれば計算がしやすいこと」「除法には，被除数と除数に同じ数をかけても商は変わらない性質があること」をおさえて，「除数を整数にして計算すること」につなげていく。除法の「被除数と除数に同じ数をかけても商は変わらない」性質については，約2割の児童の理解が不十分であったことから，簡単な数字を使った復習をすることで理解を促したい。また，「小数を10倍すると小数点が右に1つ，100倍すると右に2つ移動する」こと（表現）については，約1割程度の児童に課題があるとともに，小数点の移動ということを形式的に覚えている児童もいることが考えられるため，十進位取り記数法の構造を提示して，操作の意味についても確認を行う。

　小数の除法筆算については，手順の定着を大切にしながらも，機械的な扱いに終始しないよう気を付けたい。各手順ではなぜそうするのかの意味を考え，理解させ，児童自身が筆算を行う際にも，「まずは，わる数を整数にするために，わられる数とわる数を10倍する」の下線部のような理由を付けて説明しながら取り組めるように指導していく。また，既習の小数の乗法・除法については，小数点をつける位置を誤答した児童が一定数いることから，商の小数点の位置，余りの小数点の位置については，その妥当性について丁寧に扱う。具体的には，もとの式と，もとの式の除数を整数にした（除数と被除数を10倍や100倍した）式・筆算を提示して比較しながら，余りと除数の大小関係についても考えられるように進める。併せて，計算を始める前には，計算式の数値を概数にして，おおよその見当をつけておくことも指導していきたい。これにより，見当をつけた数値と自分で出した答えを照らし合わせることができ，小数点の位置について，自身で確認ができるようになると考えられる。さらに，数の大きさの感覚の向上につながることも期待できる。

　割り切れない小数の除法筆算について，商を四捨五入して概数で表せるようになることを目指す学習においては，$\frac{1}{10}$の位までの概数にするには何の位まで計算すべきかといった手順をおさえながら進め，概数の有用性についても考えさせる。また，日本では，加減乗除の筆算の中で除法が唯一，頭位からの計算になっていることにも気付かせ，概数を捉え

やすい計算であることにも注目させたい。

　小数の除法が使われている場面を見付けて分析する活動の発表をする際には，苦手意識を持つ児童を意識し，発表原稿にできる簡単なフォーマット（方針や手順を示す接続詞を書いたもの）を用意する。また，グループでの発表を経て，全体発表に臨めるような段階を設定することで，複数回の発表機会を確保するとともに，少人数の聴衆で発表練習を行えるようにする。

10.　本時（全9時間中第5時）

(1)　本時の目標

　これまでに学習した小数の計算方法や除法の性質を踏まえて，余りのない小数÷小数を筆算で正しく計算できる。

(2)　本時の展開

段階	児童の学習活動 （■活動・反応）	教師の発問・指示，留意点 （●：発問や指示　○留意点）	評価の観点と方法
導入 7分	■これまでの学習を思い出し，計算方法の説明を考える。被除数・除数・商の大小関係を判断する。 ●わる数を整数にするために，わられる数とわる数を10倍してから計算する ●答えは1.5 ●わり算の商は，わられる数よりも小さくなる ●わる数が1よりも小さい場合，商はわられる数よりも大きくなる ●この計算は，商がわられる数よりも大きい	● 1.05 ÷ 0.7 はどのように計算をするとよいでしょうか。また，わる数が1より小さい場合，商とわられる数の大小関係はどのようになるでしょうか。 ○思い出せない児童は，前回のノート見るように助言する。 ○前回の授業内容をまとめた教材を提示し，全員で復習・確認する。 ●これまで学習したことを使いながら，今日は小数÷小数の筆算を学習しましょう。	
	めあて　これまでの学習を生かして，小数÷小数を筆算で正しく計算できる		

展開 33 分	■計算の答えの見当づけをする。 ・整数部分だけで計算すると，4÷1＝4 ・わられる数とわる数を整数になるように四捨五入してから計算すると，5÷2＝2.5	●4.65÷1.5の計算を考えます。およその数にして，答えの見当をつけてみましょう。 ○整数部分は，1の位までの数（2〜4ぐらい）になりそうであることを全員で確認する。	
	■大小関係を判断する。 ・商はわられる数よりも小さくなる ・4.65より小さくなる	●4.65÷1.5について，わる数が1より大きいことから，商とわられる数の大小関係はどのようになるでしょうか。 ○4.65より小さくなることを全員で確認する。 ○上記の見当をつけた数を見返し，妥当であることに気付かせる。	・既習内容である商と被除数の大小関係（除法の性質）を判断できる 【思・判・表】 《観察・発言》
	■板書された内容をノートに書く。	●4.65÷1.5を筆算の形式で書きます。 ○どちらがわられる数で，どちらがわる数かを確かめながら進行する。	

（中略）

ま と め 5 分	■ノートに振り返りを記入する。 ・今までと同じように，わる数が整数になるよう，わられる数とわる数を10倍や100倍してから，筆算をする ・商の小数点のうち忘れに注意する	●振り返りをしましょう。めあてを見直して，今日できたことや分かったことなどを書きましょう。	

11. 板書計画

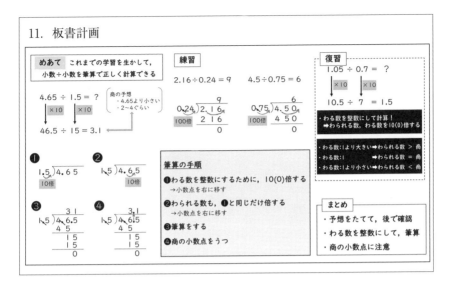

(1) 単元目標

　「単元目標」では，本単元で児童に達成してほしいことを，「知識・技能」「思考・判断・表現」「主体的に学習に取り組む態度」に分けて記述する。1コマの授業の目標ではなく，単元の目標であるため，単元の内容全体を見渡し，単元全体を網羅できているかに気を付けなければならない。

　また，単元目標は，その単元での学習・授業を左右するものであることから，明確なものにしておく必要がある。この単元が終了したときに，児童に何ができるようになっておいてほしいか，どのような力がついておいてほしいかを教師自身が明確化し，具体的に述べておく。どこかに書かれたものを深く考えずにそのまま転記したり，何となく記述したりせず，自身でよく考えて明確な目標を設定する。これにより，単元の方向性が明らかになって授業も組み立てやすくなり，また，単元終了時に，目標を達成できたかどうかの判断も行いやすくなる。明確な目標設定については，行為動詞（第3章3.3.3 (1)を参照）を用いるとよい。

> ### 「単元目標」作成のポイント
> - 単元全体を網羅するよう目標を設定する
> - 単元終了時の児童のことを想定し，自身でよく考えて設定する

> ・行為動詞の考えを用いるなどして，明確な内容にする

(2) 教材観

　「教材観」では，本単元で扱う内容がどのようなものであるか，目標とどのような関係にあるのかを述べる。算数科では，たとえば，次のような3つに分けて内容を記述していくとよい。先に示した学習指導案例も，この内容と順序になっている。

　①この単元の学習が，既習単元のどのような内容と関連があるのかについて触れる。これにより，今回学ぶ内容が，どのような学びの上で成り立つのか，どのような位置付けとなるのかが明らかになる。また，この単元の導入にあたって，どのような知識や力が求められるかが明確になり，教師自身がその系統性を自覚できる。どの学習内容が定着していないと理解につながらないのかが分かり，事前テスト（診断的評価）の問題づくりにも生かせる。なお，低学年などで，既習の関連単元がない場合には，日常生活で，子どもがどのような考えや知識を身に付けているのかについて述べるとよい。

　②単元目標を踏まえて，具体的にどのような内容を扱うのか，どのような点が重要かなどを述べる。どのような順序で単元を進めていくのかについても言及できるとよい。単元目標全体に触れられているか，単元目標と授業内容の対応関係がついているかに留意する。

　③この単元の学習が，この先のどの単元につながっていくのか，それを踏まえてどのような点に気を付けるべきかなどを記述する。次の単元へのつながりを把握することで，先を見越し，今後を意識した指導ができる。ここでの記述は小学校での学習に限定せず，中学校以降の学習との関連を書くのもよい。

「教材観」作成のポイント
- 既習単元との関連を調べ，内容・知識などのつながりを明らかにする
- 単元目標と具体的な授業内容の対応がついているかを確認する
- 今後のどのような単元につながるかを調べ，それを踏まえて本単元で大切にしておきたいことを明確にする

---

(3) 児童観

「児童観」では，学習する児童たちの授業での様子や，当該単元に必要な学力の実態を述べる。算数科では，たとえば，次のような２つに分けて内容を記述していくとよい。先に示した学習指導案例も，この内容と順序になっている。

①普段の算数科の授業時における学級の様子に触れる（授業以外でのクラスの様子も併せて記述してもよい）。クラスはどのような雰囲気であるのか，どのような良さがあり，どういった点を今後伸ばしていくべきかなどを述べる。集団全体のことだけでなく，個人単位でも，特徴があれば，言及しておく（「～な児童が多い一方で，～な児童もいる」など）。

②本単元に関連する既習単元の学習内容のうち，本単元を学習するにあたって必要となる知識や技能などについて述べる。児童がどの内容をどの程度身に付けているのか，どのような点は十分で，どのような点に課題があるのか，得意なことや苦手なことは何かなどを記述する。単元によっては，既習事項にとらわれずに，日常生活などで児童がどのような認識や考えを持っているかについて述べることもある。これらを記述する際には，「小数の計算が苦手」といった大雑把な捉え方ではなく，「除数が１未満の場合の除法が苦手」や「小数の乗法，除法では，答えの小数点の位置を誤りやすい」など，できるだけ細かな視点で具体的に触れるようにする。１つ前の項目の「教材観」で既述した"既習単元との関連について"の内容（(2)教材観①の内容）と照らし合わせながら述べると，細かな視点での記述につながりやすい。また，あらかじめ，認識調査や事前テストを行い，その結果をもとに記述していくのもよい。どのような部分は達成できているのか，どのような点に課題があるのかを，具体的な数値をもって明確に把握することができる。

「児童観」作成のポイント

- 普段の算数科の授業におけるクラスの雰囲気や個人の様子（良い点と改善を目指す点の両方）などに言及する
- 本単元の学習に必要となる既習事項について，身に付いている点，課題がある点などの児童の実態をできるだけ細かな視点で捉える

---

(4) 指導観

「指導観」では，「教材観」と「児童観」を踏まえて，指導上，気を付けたいことやどのような工夫をして指導をするかなどを述べる。「こういうねらいをもって，こういう内容を扱う（＝教材観）」が，「対象のクラス・児童には，こういう良さや課題がある（＝児童観）」ので，「こういうふうなことに気を付けながら指導していく（＝指導観）」という流れを考えるとよい。

基本的には，教材観で述べた内容に沿いながら，それぞれに関わる内容をどのように指導していくかを，順に述べるとよい。どのように指導していくかについては，教師自身が大切にしたいこと，数学教育学で児童がつまずきやすいとされていること，児童観で述べた児童の実態に鑑みて，内容を記述する。ただし，その内容は，できる限り算数科の内容に踏み込んだ具体的なものになるよう心がけ，「分からない児童には，机間指導をして対応する」，「理解を深めるためにプリントを配布する」などの技術的な内容や表現に偏らないようにする必要がある。算数科以外の学習指導案でも使用できてしまう内容や表現にならないように気を付けるとよい。また，分からない児童が出てくることを想定しておくことは重要なことであるが，まずは，そのような児童が出ないようにどのような指導をするべきかを考えて記述することに留意したい。

内容の構成としては，各学習内容（目標）の指導について順序立てて書くとよい。たとえば，先に示した学習指導案の内容を簡単にまとめると，次のような4構成になっている。

①小数の除法をどのように導入するのか。事前テストで理解が不十分だと確認できたことを踏まえて，どのような点に気を付けて指導するのか。

②小数の除法筆算を扱う際に気を付けたいことは何か，そのためにどのような指導をするのか。事前テストで誤りがあった内容を踏まえて，同様の誤りを起こさないように，どのような点に留意して，児童にはどのような活動をさせるのか。

③商を四捨五入して概数で表す学習において，おさえておきたいことや児童に気付かせたいことは何か。

④授業全体をとおして，算数科の授業でこのクラスが持つ課題にどのように取

り組んでいくのか。

「指導観」作成のポイント

- 本単元の目標と学習内容（＝教材観）について，どのような児童の課題があり（＝児童観），どのようなつまずきが予想されるかを踏まえて，どのように指導するか，どのような点に留意するかに言及する
- 算数科以外でも使用できてしまうような，技術的な内容や表現に偏らず，算数科の内容に踏み込んで考える
- 分からない児童が出ないようにする授業を目指し，授業を構想する

---

(5) 本時の目標

「本時の目標」では，実施する1単位時間の授業の目標を述べる。単元目標のどの目標に関わるのかを考えながら，具体的な目標設定をするとよい。この授業が終わったときに，児童にどのようなことができるようになっておいてほしいかを明確にイメージすることが大切である。目標の設定にあたっては，単元目標と同じく，行為動詞（第3章3.3.3 (1)を参照）を活用するとよい。

「本時の目標」作成のポイント

- 単元目標との対応を確認する
- 児童にどのようなことができるようになってほしいかを明確にイメージして，具体的な目標を設定する

---

(6) 本時の展開

「本時の展開」では，1つの授業（通常は45分間）をどのように進めていくかの流れを，児童側（「児童の学習活動」）と教師側（「教師の発問・指示，留意点」）に分けて記述する。併せて，評価の観点についても，時間経過に沿い，上記の内容に対応させながら触れておく。授業の内容は，必ず「本時の目標」を基盤にして，この目標が達成できるような授業を設計する。

授業は「導入」「展開」「まとめ」の3つの段階に分けられることが多いが，これにこだわらず，独自の段階を設定してもよい。ただし，各段階には予定の所要時間（○分）を記載しておく。また，先の学習指導案例には，記載していないが，

所要時間に加え，各段階の開始時刻（および終了時刻）も書き込んでおくと分かりやすい。授業では，メインが何かを意識し，「導入」で時間を使いすぎないように計画するとよい。また，これまでの授業を振り返り，説明の時間，児童がノートをとる時間を十分に確保するにはどれぐらいが適切かなどを想定し，時間設定をする必要がある。

　「児童の学習活動」には，児童が行う活動や，教師の発問に対する答えを記述する。正答や期待する答えに限らず，誤答を含めて，どのような答えが出てきそうかを幅広く考えておく。これは，児童のつまずきを想定した効果的な授業展開や，授業での余裕をもった対応につながるものである。

　「教師の発問・指示，留意点」には，児童に投げかける教師の主な発問，児童に行う重要な指示や説明，教師が留意しておく点などを記述する。「教師の発問・指示」に関して，授業内の全ての発言を記載する必要はないが，まずは，授業全体の流れを明確に設定し，その中で主要なもの・重要なものが書かれるべきである。発問や指示の具体的な内容は，より正確で，より効果的なものを設定するように心がける。たとえば，「3つに分けたうちの1つ分が1/3」よりも，「3等分したうちの1つ分が1/3」の方が正確である。「2つの形を見て，気付いたことはありますか」よりも，「2つの形の共通するところと，違うところはどこですか」の方が，児童が考えやすく，算数科の内容に迫りやすい。また，作業や活動に先立っての指示は，児童が作業や活動に入ってから質問が出たり，追加の説明が必要となったりしないように（児童の手を止めないように），過不足がなく，間違いのない分かりやすい内容にしておく。漠然とした発問・指示を行わないよう，特に，要となる部分は，具体的な内容を熟考しておく必要がある。なお，実際に児童に話をする際には，次のような点に気を付けるとよい。

- 人前で話していることを意識して，正しく丁寧な言葉づかいを心がける
- 児童に問いかけた後は，児童の考える時間を確保するためにも，沈黙を（恐れずに）大切にする
- 各文の内容が明確になるよう，一文一義（1つの文章に1つの情報）を念頭に，1つの文が長くならないように話す
- 声の大小・高低（抑揚），スピードの緩急をつけて話す

「教師の留意点」は，「指導観」で述べた内容をもとにしながら，全員が目標を達成できるよりよい授業のために意識すべきこと，気を付けるべきことなどを具体的に書く。

「評価の観点と方法」には，どのタイミングで，どのような内容を，どのような方法を用いて評価するのかを明確にして記述する。基本的には「本時の目標」で掲げた内容に整合した評価を行うべきであり，目標に述べていない点を評価しないように留意する。評価のタイミングは，1つの授業で複数回あってもよい。評価方法に偏りがないよう，いくつかの異なる方法を用いると，多面的な評価につながる。

「本時の展開」作成のポイント

- クラス全体が「本時の目標」を達成できることを目指して，内容を明確にした授業設計をする
- メインに時間をかけられるように，時間配分を考える
- 「児童の学習活動」では，児童の誤答も含めた多様な応答を想定する
- 「教師の発問・指示，留意点」は，より正確に，より効果的になるように，具体的な内容を設定する
- 「評価の観点と方法」は，「本時の目標」と整合性を持つように留意する

なお，授業を設計・実施する際は，次のような点にも気を付けるとよい。

- どのようなことが達成されればよいのかを児童自身が理解できるよう，はじめに児童と「めあて」を共有する。児童の主体的な授業への参加を促すことにつながる。
- 授業の最後で，児童が各自で「振り返り」を行う時間をとる。「楽しかった」「よく分かった」にとどまらないよう，「めあて」をもとに，「今日学んだこと」「授業内容のポイント」「自身の理解の程度」などを述べるように導いていくとよい。児童自身の学びの実感につながることが期待できる。
- 机間指導を行う際は，無目的に行わず，前もって明確な目的を持ってからスタートする。限られた時間であることを意識し，次の行動につながる効果的な活動にする必要がある。

• 発言した児童と1対1で進めてしまうことがないよう，クラス全体で学習する姿勢を常に忘れないようにする（例：誰かが解答を発表した後，教師が正誤を判断して進めてしまうのではなく，その解答でよいのかを他の児童に問いかけるようにする）。学びの主体はクラスの児童全員であることを念頭に置く。

(7) 板書計画

「板書計画」は，黒板にどのような内容を記載するのかを示したもので，最終的な出来上がりの予定を表す。これを見て，1つの授業全体が理解できるようなものになっているとよい。どの位置に，どのような内容を示すのか，どの部分を板書にして，どの部分は事前に作成した模造紙や画用紙などの掲示物を貼るのかなどを考えておく。自身の板書スピードも考慮しながら，板書時間が長くなり過ぎないように板書量を考える必要がある。また，児童がノートにとる箇所を考え，適切な量もあらかじめ検討しておく。

ノートをとらせる際は，低学年では特に，児童のノートと同じ形式で板書することを心がける。たとえば，児童のノートと同様のマス目を使って，どのマスをあけるのか，どこで改行するのかなどを示せば，児童はノートをとりやすくなり，間違いを減らすこともできる。

ワークシートやプリントなどを配布して授業を進めていく場合は，それを拡大印刷するなどして，できるだけ，同じものを黒板に提示するようにする。児童の手元と同じものが黒板に示されることで，どこに何を書き込んでいけばよいのかが明確で，教師がどこを説明しているかも分かりやすくなる。混乱を避けることができ，児童が学習内容に集中しやすくなる。

「板書計画」案が決まり，必要な教材や掲示物などを作成したら，実際に授業で使う黒板を使って，板書を行ってみるとよい。配置や，文字の大きさ，分量などを検討できる。最後に黒板上での計画が確定したら，それを写真にとって，学習指導案の「板書計画」とするのもよい方法である。なお，「板書計画」の中には板書順序の情報が含まれないため，授業を実施する際は，手元に用意した「板書計画」に順序を書き入れておくと，教師自身が授業に取り組みやすくなる。

> 「板書計画」作成のポイント
> - 最後に見返して，本時の授業全体が理解できるようなものを目指す
> - 板書量，児童がノートを取る分量などが適切になるように設定する
> - 児童がノートをとりやすい形式で示す
> - ワークシートやプリントなどは拡大印刷するなどして，児童の手元と同じものを黒板にも提示する
> - 実際の黒板を使って，配置や内容を検討する

研究課題

1. 「問題解決型」と「『教えて考えさせる授業』型」について，それぞれの特徴を述べなさい。
2. 「除法筆算をする」，「ものさしで長さをはかる」，「コンパスで円をかく」のそれぞれについて，明確で分かりやすいステップを作成しなさい。
3. 単元を1つ決めて，学習指導案を作成しなさい。

引用・参考文献

市川伸一（2013）『「教えて考えさせる授業」の挑戦 − 学ぶ意欲と深い理解を育む授業デザイン −』明治図書，東京

黒田恭史（2017）『本当は大切だけど，誰も教えてくれない算数授業50のこと』明治図書，東京

久留米市教育センター（2019）「学習指導案 書き方の基礎・基本」，2022年7月30日閲覧

http://www.kyoikucenter.kurume.ed.jp/02kennkyuu/tyousakennkyuu%20seikabutu/R03sidouann.pdf

京都府総合教育センター（2021）「学習指導案ハンドブック」，2022年7月30日閲覧

http://www.kyoto-be.ne.jp/ed-center/cms/index.php?key=jozsiopg5-177

清水静海他（2019）『わくわく算数5』啓林館，大阪

索　引

執筆者紹介（執筆順，執筆担当）

黒田　恭史（くろだ　やすふみ）　　編者，第1章，第4章3節
1990年　大阪教育大学大学院教育学研究科修士課程修了
2005年　大阪大学大学院人間科学研究科博士後期課程修了
2005年　博士（人間科学）大阪大学
現　在　京都教育大学教育学部教授
専　攻　数学教育学，教育生理学
編著書　『中等数学科教育法序論』（共立出版，2022）他

富永　雅（とみなが　まさる）　　第2章
1996年　大阪教育大学大学院教育学研究科修士課程修了
2002年　新潟大学大学院自然科学研究科博士後期課程修了
2002年　博士（理学）新潟大学
現　在　大阪教育大学教育学部准教授
専　攻　数学教育学，関数解析学

岡本　尚子（おかもと　なおこ）　　第3章，第10章
2007年　大阪大学大学院人間科学研究科博士前期課程修了
2010年　大阪大学大学院人間科学研究科博士後期課程修了
2010年　博士（人間科学）大阪大学
現　在　立命館大学産業社会学部准教授
専　攻　教育工学，数学教育学
著　書　『神経科学による学習メカニズムの解明―算数・数学教育へのアプローチ』
　　　　（ミネルヴァ書房，2011）

近藤　竜生（こんどう　たつき）　　第4章1-2節
2022年　京都教育大学大学院教育学研究科修士課程修了
2022年　修士（教育学）京都教育大学
現　在　名古屋大学大学院情報学研究科心理・認知科学専攻博士後期課程
専　攻　数学教育学，教育生理学，認知神経科学

吉村　昇（よしむら　のぼる）　　第 5 章

1998 年　大阪教育大学大学院教育学研究科修士課程修了

1998 年　修士（教育学）大阪教育大学

現　在　熊本大学大学院教育学研究科准教授

専　攻　数学教育学，認知科学

葛城　元（かつらぎ　つかさ）　　第 6 章，第 8 章

2018 年　京都教育大学大学院教育学研究科修士課程修了

2018 年　修士（教育学）京都教育大学

現　在　奈良学園大学人間教育学部講師

専　攻　数学教育学

津田　真秀（つだ　まさひで）　　第 7 章，第 9 章

2016 年　京都教育大学大学院教育学研究科修士課程修了

2016 年　修士（教育学）京都教育大学

現　在　創価大学教育学部講師

専　攻　数学教育学

初等算数科教育法序論

(*Introduction of Mathematical Teaching Method for Elementary School*)

2023 年 8 月 15 日　初版第 1 刷発行

編著者　黒田恭史　　　　©2023
発行者　南條光章
発行所　**共立出版株式会社**
　　　　〒 112-0006
　　　　東京都文京区小日向 4-6-19
　　　　電話　03-3947-2511（代表）
　　　　振替口座　00110-2-57035
　　　　URL　www.kyoritsu-pub.co.jp
印　刷　新日本印刷
製　本　ブロケード

検印廃止
NDC 410.7, 375.412
ISBN 978-4-320-11496-8

一般社団法人
自然科学書協会
会員

Printed in Japan